EXCURSIONS DE PÈLERINS

1ʳᵉ SÉRIE IN-8°.

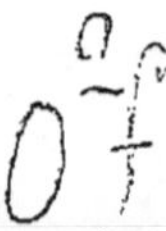

EXCURSIONS

DE

PÈLERINS ET VOYAGEURS

EN ASIE

A LA TERRE-SAINTE, EN CHINE, DANS L'INDE, ETC.

PAR A. BARON.

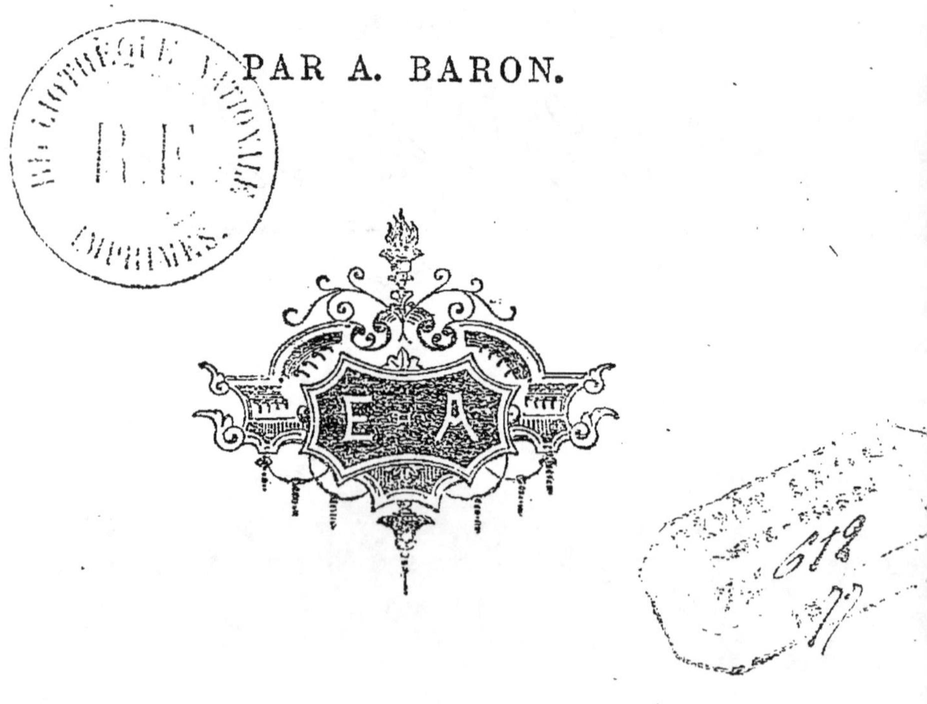

LIMOGES

EUGÈNE ARDANT ET Cie, ÉDITEURS.

VOYAGE

EN TERRE-SAINTE

L'ÉVÊQUE FRANÇAIS ARCULPHE.

Depuis l'avénement de Notre-Seigneur Jésus-Christ, à toutes les époques et dans toutes les contrées du monde, l'âme du chrétien a tressailli sans relâche au nom seul de Jérusalem et de la Terre-Sainte. L'imagination s'est élancée avec une ardeur incomparable vers ces lieux pittoresques, vallées et montagnes, fleuves et lacs, palmiers et térébinthes, champs de roses et déserts, rendus plus poétiques encore et divinisés par la présence et les miracles de l'Homme-Dieu. Le cœur s'est serré à la contemplation sinistre de cette misérable Sion, devenue le théâtre de la mort du Saint des saints, descendu cependant sur la terre pour sauver le genre humain.

Qui d'entre nous ne se regarde pas comme un citoyen de la *Jébus-Salem* ou *Vision de Paix* de Melchisédech? Qui ne l'a habitée par l'esprit, cherchant à y retrouver les traces et les souvenirs de tant d'hommes dont les noms poétiques ont bercé notre enfance, de tant de rois illustres, de tant de prophètes inspirés, de tant de femmes célèbres dont elle fut le séjour, de tant d'armées dont elle devint la gloire ou la victime ? Mais, en dernier lieu, et surtout, qui ne l'a parcourue et visitée par le cœur pour y rencontrer les sinistres vestiges de la grande voie des douleurs de Celui qui nous racheta?

Dès les temps les plus reculés, les plus graves personnages ambitionnaient comme un bonheur suprême la possibilité d'entreprendre le pèlerinage de Jérusalem.

C'est ainsi que, au IIIe siècle, saint Alexandre, évêque de Cappadoce, après une vision et des ordres d'en haut, fait le voyage de la Terre-Sainte où il est élu patriarche de Jérusalem en 212.

C'est ainsi que, au IVe siècle, sainte Hélène, l'impératrice Hélène, première femme de Constance Chlore et mère de Constantin, devenue chrétienne, favorise les progrès de la nouvelle religion et use de ses richesses pour aller à Jérusalem en 325. Là, elle fait construire une église sur le Calvaire, à l'endroit où mourut le Sauveur, et y découvre, en 325, les restes de la vraie croix.

Puis, saint Triphylle, évêque de Leucosie, dans l'île de Chypre, se rend à son tour à Jérusalem, accompagné de sa vénérable mère.

Sainte Mélanie, noble dame de Rome, au Ve siècle, quitte les pompes de sa ville natale et va terminer sa vie en 411, à Jérusalem, près du tombeau de Jésus, dont elle a embrassé la doctrine.

C'est ensuite Ruffin, le pieux religieux d'Aquilée, qui déserte son couvent pour se rendre à Jérusalem, où devenu l'intime ami de saint Jérôme, en 374, il se verse comme lui dans les plus fortes études religieuses.

C'est encore, en 382, saint Porphyre, de Thessalonique, qui, avec son compagnon et son disciple Marcus, vient s'établir à Jérusalem, où d'abord il fait des souliers pour vivre, tandis que Marcus copiait des livres, puis est appelé par le peuple à devenir l'évêque de Gaza.

Ce sont enfin sainte Paule, riche Romaine du sang des Scipions et des Gracques, qui, devenue veuve, vient à Jérusalem, où elle se voue à la vie pénitente dans le couvent de Bethléem, dont elle est faite abbesse et où elle meurt en 404.

Saint Philorome, ami de saint Basile, au ve siècle.

Deux évêques de Brescia, saint Philaster et saint Gaudence, en 410.

Paul Orose, historien espagnol, qui, en 415, voyage en Palestine et rapporte en Espagne des reliques de saint Etienne.

Vers la même époque, comme saint Jérôme avait fixé son séjour à Bethléem, un Espagnol du nom d'Avitus, lui aussi, vint à Jérusalem vénérer les lieux saints et consulter le pieux solitaire Jérôme.

Vint encore en pèlerinage à Jérusalem, vers 438, la femme de l'empereur Théodose, Eudoxie. C'était l'accomplissement d'un vœu fait par le prince : il avait promis de faire vénérer les lieux saints par Eudoxie s'il avait le bonheur de voir marier sa fille avant la fin de sa vie.

Au ve siècle encore, on voit arriver à Jérusalem pour prier sur le tombeau du Sauveur, sainte Apollinaire, petite-fille de l'empereur Anthémius.

Au vi^e siècle, voici venir tout un défilé de pèlerins empressés de suivre pas à pas la voie douloureuse de la passion de Jésus-Christ; saint Cador, évêque de Bénévent, se rend à Jérusalem jusqu'à trois fois; puis saint Siméon, surnommé Salus, s'y rend de l'Egypte, sa patrie; puis saint Martin de Dume, archevêque de Braga, en Galice, province de l'Espagne; puis saint David, archevêque de Menevia, dans le pays de Galles, en Angleterre, avec saint Teliac et saint Patern, qu'il choisit pour compagnon de son pieux voyage. Ils rentrent ensuite dans leurs églises respectives, en y rapportant l'un une sonnette, l'autre un bâton pastoral, et le troisième une tunique tissée d'or, que leur a donnés comme gages d'affection le patriarche de Jérusalem. Enfin, ce sont saint Antonin; saint Petroc, abbé en Cornouaille; saint Bertald, fils de Théol, roi d'Ecosse, ermite à Chaumont, diocèse de Reims, et saint Amand, ermite à Beaumont, dans le même diocèse.

Le viie siècle nous montre un nombre considérable d'autres pieux voyageurs faisant le pèlerinage de Jérusalem. C'est d'abord Héraclius, empereur d'Orient; c'est ensuite, vers 678, Waimer, duc de Champagne, et Berchaire, abbé du monastère de Moutier-en-Der, dans la même Champagne ; et, en dernier lieu, ce sont Théodore de Sicée, saint évêque d'Anastasiopolis, en Galatie, Asie-Mineure, et saint Wlphlagius, curé de campagne, au diocèse d'Amiens.

Mais le plus intéressant de tous ces pèlerins, et celui qui nous a laissé le plus de notes à consulter sur le voyage à Jérusalem et dans la Terre-Sainte, c'est sans contredit le pieux évêque français ARCULPHE, qui alla vénérer les traces de la ~ie et de la mort de notre Sauveur, vers la fin du même VIIᵉ siècle.

De quel siége Arculphe était-il évêque ? Nul ne saurait le dire. Le vénérable prélat, par modestie assurément, a dissimulé tout ce qui touchait à sa personne dans le récit qu'il nous a laissé de sa pérégrination, et qu'il dicta à saint Adaman, abbé de Saint-Colomban, petite île de trois kilomètres de long et d'un kilomètre de large, voisine de l'île de Staffa, dont elle est séparée seulement par un petit détroit, de Mull, l'une des plus grandes îles des Hibrides.

Bède nous apprend que saint Adaman, dont le nom signifie petit Adam, était un personnage bon, pieux, sage et noblement instruit dans l'étude des Saintes-Ecritures.

Donc, Arculphe visita les lieux saints. Il s'était donné pour compagnon de voyage, ainsi que le fait connaître le récit, un ermite de Bourgogne nommé Pierre. Déjà cet ermite ou religieux avait visité la Palestine, on le suppose du moins. Re-

venu en Europe, Arculphe se rendit en Angleterre, et quand saint Adaman eut achevé d'écrire
sous sa dictée la relation du pèlerinage d'Arculphe
et de Pierre, le manuscrit fut alors offert au roi
d'Angleterre, Alfred.

Le séjour d'Arculphe à Jérusalem fut de sept
mois.

TYR ET SIDON.

Avant de pénétrer dans la Judée, Terre-Sainte
ou Palestine, jadis la terre de Chanaan, le voyageur qui longe la Méditerranée ou s'avance quelque peu dans les terres, rencontre des cités jadis
célèbres, maintenant en ruines, dont nous devons
dire quelques mots à nos lecteurs.

Ces villes sont Tyr, Sidon, Crère ou Ptolémaïs,
Damas, Palmyre ou Thadmor, Héliopolis ou Balbeck.

Tyr, maintenant *Sour*, était autrefois la florissante capitale de la Phénicie. De nos jours, ce
n'est plus qu'une misérable bourgade où l'on
ne trouve guère d'autre antiquité que les débris
de la digue construite par Alexandre le Grand
pendant qu'il faisait le siége de la nouvelle ville
que les Tyriens avaient construite au milieu de la
mer, dans une île peu éloignée du rivage.

Les souvenirs de Tyr sont vivants dans l'histoire, où ils occupent une place qui n'est pas sans

importance. La plage qu'occupait cette grande
ville, à cette heure est muette et solitaire, mais
voici comment Fénelon nous représente cette cité
aux jours de ses splendeurs.

« J'admirais l'heureuse situation de Tyr, qui est
au milieu de la mer, dans une île. La côte voisine
est délicieuse par sa fertilité, par les fruits exquis
qu'elle porte, par le nombre de villes et de villages qui se touchent presque, enfin par la douceur
de son climat; car les montagnes mettent cette
côte à l'abri des vents brûlants du midi, et elle est
rafraîchie par le vent du nord qui souffle du côté
de la mer. Ce pays est au pied du Liban, dont le
sommet fend les nues et va toucher les astres.
Une glace éternelle couvre son front; des fleuves
pleins de neige tombent comme des torrents des
pointes des rochers qui environnent sa tête. Au-
dessous, on voit une vaste forêt de cèdres antiques, qui paraissent aussi vieux que la terre où ils
sont plantés, et qui portent leurs branches épaisses jusque vers les nues... C'est auprès de cette
belle côte que s'élève dans la mer l'île où est bâtie
la ville de Tyr. Cette grande ville semble nager
au-dessus des eaux et être la reine de toute la
mer. Les marchands y abordent de toutes les parties du monde, et les habitants sont eux-mêmes les
plus fameux marchands qu'il y ait dans l'univers.
Quand on entre dans cette ville, on croit d'abord
que ce n'est point une ville qui appartient à un
peuple particulier, mais qu'elle est la ville commune de tous les peuples et le centre du com-

merce. Elle a deux grands môles, semblables à
deux bras, qui s'avancent dans la mer, et qui em-
brassent un vaste port où les vents ne peuvent
entrer. Dans ce port on voit comme une forêt de
mâts de navires, et ces navires sont si nombreux
qu'à peine peut-on découvrir la mer qui les porte.

» Je ne pouvais rassasier mes yeux du spectacle
de cette grande ville, où tout était en mouvement.
Je n'y voyais point, comme dans les villes de la
Grèce, des hommes oisifs et curieux, qui vont
chercher des nouvelles sur la place publique, ou
regarder les étrangers qui arrivent sur le port.
Les hommes y sont occupés à décharger leurs vaisseaux, à transporter leurs marchandises ou à les
vendre, à ranger leurs magasins, et à tenir un
compte exact de ce qui leur est dû par les négo-
ciants. Les femmes ne cessent jamais de filer les
laines, ou de faire des dessins de broderies, ou
de plier de riches étoffes.

» On voit de tout côté, dans la ville, le fin lin
d'Egypte, et la pourpre tyrienne, deux fois teinte,
d'un éclat merveilleux; cette double teinture est
si vive que le temps ne peut l'effacer; on s'en sert
pour des laines fines, qu'on rehausse d'une bro-
derie d'or et d'argent. Les Phéniciens font le commerce de tous les peuples, jusqu'au détroit de
Gadès, et ils ont même pénétré dans le vaste
Océan qui environne la terre. Ils ont fait aussi de
longues navigations sur la mer Rouge; et c'est
par ce chemin qu'ils vont chercher dans les îles

inconnues de l'or, des parfums et divers animaux qu'on ne voit point ailleurs. »

A quelques lieues plus loin que l'emplacement désolé de cette merveilleuse Tyr, se dresse l'ombre antique d'une autre ville non moins fameuse : je veux parler de Sidon, devenue la triste *Seyde*, la plus vaste, la plus riche, mais aussi la plus corrompue des villes phéniciennes. Mais à part les souvenirs qui s'éveillent en face de la cité moderne, on n'y trouve d'autres vestiges de sa grandeur passée que d'anciens tombeaux taillés dans le roc.

LIBAN ET ANTI-LIBAN.

Lorsqu'on débarque sur les côtes de la Syrie, le premier horizon qui se présente à l'œil du voyageur et qui le couvre, c'est la longue chaîne du Liban, et de l'Anti-Liban, qui lui est parallèle, mais cachée derrière la première, et courant l'une et l'autre du nord au sud. Rien de plus admirable que ces ondulations de montagnes aux cimes bleuâtres, çà et là diamantées par l'éclat de neiges éternelles.

C'est à Tripoli que l'on trouve le chemin de la montagne des Cèdres, cette gloire du Liban, *gloria Libani*, comme le dit souvent l'Ecriture. Tout le plateau qui y conduit est couvert de bois d'oliviers qui prolongent jusqu'aux limites de l'horizon leurs têtes mobiles et grises. Des quinçonces de mûriers et des plants de vignes varient et animent l'aspect de cette campagne. Après quatre heures de marche, le sol change avec la végétation. Au lieu d'une montée douce et verte, paraissent les sentiers âpres de la montagne, si abruptes, si perpendiculaires, que, pour se maintenir en équilibre, il faut se maintenir aux crins des chevaux. On gravit ainsi pendant deux heures, au milieu de blocs de basalte affectant mille formes sauvages et tourmentées. A mesure qu'on s'élève, les points de vue s'agrandissent; ils prennent une pompe et une majesté bibliques. Derrière soi, le vaste horizon maritime; à sa droite le Mont-Carmel et le Mont-Thabor au plus loin, et enfin, dans les profondeurs, les crêtes de l'île de Chypre.

Au milieu de tels spectacles, on arrive à Eden. A ce nom seul tous les souvenirs bibliques se réveillent. Bâti sur un des plateaux les plus élevés du Liban, Eden est le dernier village habité. Au-dessus de lui se dresse une croupe gigantesque de roches nues, stériles, qui le domine comme un superbe donjon féodal. Les environs sont d'une magnificence incomparable : haies odorantes, berceaux de fleurs, gazons verts entrecoupés de ruisseaux et de cascades naturelles. Le village même, avec ses arbres magnifiques, semble un grand jardin.

De là, après une nouvelle marche de deux heures, on arrive à la forêt des cèdres. Le cèdre, ce roi des arbres, se plaît dans les zones élevées.

Jadis, au temps de Salomon, toutes ces hauteu s
en étaient couvertes. Aujourd'hui, il n'y en a plus
que dans la partie élevée de la chaîne : le cèdre
ne semble pas tolérer d'autres végétaux dans son
voisinage. Le terrain qui les environne est nu,
sauvage, dépouillé. Pendant plusieurs mois de
l'année, ils portent un manteau de neige sur leurs
feuilles en parasol. Une fontaine qui coule aux
environs est si fraîche qu'elle donne, dit-on, la
fièvre à ceux qui y plongent leurs mains.

Cette forêt de cèdres se réduit à une vingtaine
d'arbres antiques et séculaires qui occupent un
assez vaste espace. Mais, s'ils ne sont pas nombreux, de quelle magnificence ne sont-ils pas re-
vêtus. C'est un admirable spectacle que ces belles
têtes de vieux arbres et leurs troncs capricieux.
Ils s'élèvent de soixante à cent pieds : ce n'est pas
une proportion colossale, mais la grosseur et l'é-
tendue des branches sont énormes. Huit hommes,
les bras tendus, n'embrasseraient pas le tour du
roi de ces cèdres. Leurs rameaux toujours verts,
plats, touffus et horizontaux, sont du plus bel effet. Quand la brise les balance, on dirait des nuages que le vent chasse devant lui.

Sur le sommet de ces monts, et autour de ce
bouquet de cèdres, planent des aigles, qui ne se
posent qu'à cette hauteur. Quand on s'élève encore de manière à atteindre la ligne la plus élevée
des montagnes, on jouit d'un double point de vue :
d'un côté la mer et l'île de Chypre; de l'autre la
vallée de Balbeck, que terminent les Monts-Aggar.

Dans cette zone élevée, et sur tous les plateaux cultivables, existent une foule de riches villages maronites.

Pendant la belle saison, les environs des cèdres ont une population nomade. Au pied des arbres mêmes se dressent des autels sur lesquels des moines viennent officier, car les cèdres présentent leurs souvenirs, non moins attachants que leurs beautés.

DAMAS.

« La grande ville de Damas, dit le R. P. Laorty-Hadji, qui la visitait vers 1855, peut revendiquer l'antiquité la plus reculée. C'est, sans contredit, l'une des plus anciennes cités du monde.

» On lui donne pour fondateur Hus, petit-fils de Sem. Quelques écrivains, se fondant sur la signification des mots *Dammeseck*, nom hébreu de Damas, qui veut dire *sac du sang*, ont supposé que c'est dans le lieu même où la ville a été bâtie que Caïn tua son frère Abel.

» Les Arabes l'appellent *Scham* ou *El-Cham*, c'est-à-dire la Syrie, parce qu'elle en est la capitale.

» Damas fut la capitale de la Syrie et de la Phénicie jusqu'au temps où Antioche devint le siège des états de Séleucus-Nicator. Comme toutes les villes anciennes, elle a subi les effets désastreux des guerres, et trois prophètes, Isaïe, Jérémie et Amos avaient prédit le sort qui lui était réservé en punition de ses crimes et de son idolâtrie. Plusieurs fois les rois d'Assyrie la prirent et la ruinèrent. Alexandre-le-Grand s'en rendit maître après la victoire qu'il remporta sur Darius. Elle fut subjuguée par les Romains, sous les ordres de Pompée, et réunie à l'empire avec toute la Syrie.»

Abraham avait demeuré quelque temps à Damas; et ce fut aussi dans cette ville que s'opéra la conversion de saint Paul.

« Située entre le dernier versant de la chaîne Anti-Libanique, et le grand désert, entourée d'arbres fruitiers, entremêlée de jardins et de bosquets odorants, de kiosques, de jolis pavillons, de maisons de campagne, etc., couronnée de mosquées et de minarets qui lancent vers le ciel leurs croissants et leurs flèches dorées, ceinte de remparts en blocs de marbres jaunes et noirs symétriquement alternés, que dominent des tours carrées et des créneaux, avec son fleuve aux sept branches, les ruisseaux nombreux qui circulent sur tous les points de cette délicieuse oasis et y répandent l'abondance et la fraîcheur, continue Laorty-Hadji, Damas offre au premier aspect à l'œil du voyageur étonné le spectacle le plus ravissant.

» Mais des rues étroites, d'une longueur assez irrégulière, mal alignées, mal pavées, répondent peu à l'idée que l'on se fait de Damas par son extérieur. »

Toutefois quelques-unes pourraient être comparées à nos rues européennes. Bâties en bois ou en briques, et recouvertes d'une forte boue grise ou blanchâtre, les maisons n'ont qu'une apparence pauvre et mesquine.

La ville moderne ne renferme pas un seul monument de quelque intérêt : mais on montre encore au voyageur chrétien divers endroits que la tradition a consacrés et qui se rattachent à la conversion de saint Paul.

ACRE, CÉSARÉE, JAFFA, GÉRASA.

Les villes fameuses du littoral de la Méditerranée sont d'abord Acre ou Ptolémaïs, ville fort longtemps célèbre et puissante au temps des Croisades, mais bien déchue, et enfin relevée à la fin du siècle dernier, par son farouche tyran Djezzar.

Vient ensuite Césarée, fondée par Hérode-le-Grand, ville d'époque romaine, presque debout avec ses rues, ses places et ses remparts, mais vide d'habitants.

Puis succède Jaffa, l'antique Joppé, port où le plus souvent débarquent les Européens qui viennent en pèlerinage à Jérusalem.

Enfin, en avançant dans les terres, on passe d'abord devant deux villes romaines, Philadelphie et Gérasa, ruinées maintenant, mais dont les ruines toutefois, celles de la dernière surtout, sont pleines de grandeur. On y voit encore debout plus de 200 colonnes, soit d'ordre ionique, soit d'ordre corinthien, qui régnaient le long de deux grandes rues coupées à angles droits, et dont le pavé et les trottoirs sont très bien conservés, ainsi que les temples, les théâtres, les thermes, les tombeaux et les divers monuments d'architecture qui formaient l'ensemble d'une importante cité de l'empire romain.

En avançant encore, on rencontre bientôt les merveilleuses ruines de Tadmor ou Palmyre.

TADMOR OU PALMYRE.

Qui n'a entendu parler de la célèbre ville de Tadmor bâtie par Salomon, et qui fut longtemps, sous le nom de Palmyre, au temps des monarques Odénat et Zénobie, la cité reine de l'Orient, jusqu'à ce qu'elle eut succombé sous les armes d'Aurélien?

Le R. P. Laorty-Hadji s'exprime ainsi à l'endroit de Palmyre, qu'il visitait de 1850 à 1860 :

« Quelque imposantes que soient les ruines de Balbeck, dit-il, elles ne sauraient être regardées, quand on les compare à celles de Palmyre, que comme une sorte de magnifiques propylées. Pour arriver à la célèbre capitale de Zénobie, aujourd'hui perdue au sein des déserts, il faut, après avoir quitté Henis, traverser des steppes inutiles, habités seulement par des troupeaux de gazelles.

Au-delà, on s'engage dans une longue gorge resserrée par deux rangs de montagnes. De hauts édifices, de forme quadrangulaire, s'élèvent dans le milieu de cette étroite vallée, ainsi que sur les collines qui la bordent. Ce sont de spacieux et superbes mausolées, dont la date remonte au temps de la prospérité de Palmyre.

» A l'extérieur, ces tombeaux ressemblent plu à des ouvrages de fortification qu'à de picux mo numents consacrés à la sépulture.

» Lorsque Wood et Dawkins vinrent à Palmyre, en 1751, ils trouvèrent, dans leurs excursions, des fragments de momies assez bien conservés gisant épars dans ces tombeaux. Ils recueillirent, entre autres, la chevelure d'une femme qui semblait encore toute fraîche, bien que le cadavre fût là depuis des siècles. L'arrangement, la coiffure que ces cheveux affectaient sur la tête de la momie, rappelaient exactement les usages des femmes arabes de nos jours. Si l'on en croit ces voyageurs, il y aurait une identité parfaite entre les momies des Palmyréniens et les momies d'Egypte. Il eût été facile peut-être de constater les rapprochements qui existaient entre ces deux peuples, si une insatiable cupidité n'avait poussé les Arabes à profaner les tombeaux dans l'espoir d'y trouver de l'or.

» C'est au débouché de l'étroite vallée dont nous venons de parler que se présente Palmyre, sous la forme d'une île jetée sur l'Océan sablonneux. On ne saurait se faire une idée du spectacle magnifique qui se déroule alors devant l'œil du voyageur.

» Ce sont de tous les côtés de longues enfilades de colonnes au travers desquelles la vue se joue sans qu'aucun massif vienne l'arrêter : ce sont des fûts immenses qui semblent aller chercher leur entablement vers le ciel ; c'est une forêt de piliers debout, que rien ne lie plus entre eux, et cela dans une étendue de plus de mille trois cents toises.

» Au-delà de ce point, se révèlent pourtant des édifices plus complets. Ici, c'est un palais dont on ne reconnaît plus que les cours et les murailles ; là, c'est un temple dont le péristyle est à moitié renversé ; puis un portique, une galerie, un arc de triomphe.

» Sur un point, les lignes de la colonnade sont troublées par la chute de plusieurs tronçons ; ailleurs, au contraire, semblable à une allée d'arbres, la colonnade se prolonge de manière à fuir, à se masser, dans le lointain, à 1 et 2 milles de distance. A chaque pas, dans cette vaste enceinte, on heurte d'énormes pierres à demi enterrées, presque couvertes par le sable, ou tapissées de plantes grimpantes, chapiteaux écornés, frises mutilées, sculptures effacées, tombeaux violés, autels profanés. Pêle-mêle de ruine actuelle et de grandeur ancienne, tel est l'aspect de la Tadmor du grand Salomon.... »

HÉLIOPOLIS OU BALBECK.

Maintenant, voici ce que dit un écrivain poète des magnifiques beautés de la grande Héliopolis :

« J'avais traversé les sommets du Sannin couvert de neiges éternelles, et j'étais descendu du Liban, couronné de son désert de cèdres, dans ce désert nu et stérile d'Héliopolis, à la fin d'une journée pénible et longue.

» A l'horizon, encore éloigné devant nous, sur les derniers degrés des montagnes noires de l'Anti-Liban, un groupe immense de ruines, dorées par le soleil couchant, se détachait de l'ombre des montagnes et se répercutait des rayons du soir. Nos guides nous le montraient du doigt et s'écriaient :

— » Balbeck ! Balbeck !

» C'était en effet la merveille du désert, la fabuleuse Balbeck, qui sortait toute éclatante de son sépulcre inconnu pour nous raconter des âges dont l'histoire a perdu le souvenir. Nous avancions lentement au pas de nos chevaux fatigués, les yeux attachés sur les murs gigantesques, sur les colonnes éblouissantes et colossales qui semblaient s'étendre, grandir, s'allonger, à mesure que nous approchions.

» Enfin nous touchâmes aux premiers tronçons de colonnes, aux premiers blocs de marbre que les tremblements de terre ont secoués jusqu'à plus d'un mille des monuments mêmes, comme les feuilles sèches jetées et roulées loin de l'arbre après l'ouragan. Les profondes et larges carrières qui fendent, comme des gorges de vallées, les flancs noirs de l'Anti-Liban, ouvraient déjà leurs abîmes sous les pas de nos chevaux; ces vastes bassins de pierre, dont les parois gardent les traces profondes du ciseau qui les a creusés pour en tirer d'autres colonnes de pierre, montraient encore quelques blocs gigantesques à demi détachés de leurs bases, et d'autres taillés sur leurs quatre faces et qui semblent n'attendre que les chevaux ou les bras des générations de géants pour les mouvoir. Un seul de ces moellons de Balbeck avait soixante-deux pieds de long sur vingt-quatre de largeur et seize d'épaisseur.

» Nous suivîmes notre route entre le désert à gauche et les ondulations de l'Anti-Liban à droite, en longeant quelques petits jardins cultivés par les Arabes pasteurs, et le lit d'un large torrent qui serpente entre les ruines, et au bord duquel s'élèvent quelques beaux noyers. L'Acropolis ou la colline artificielle qui porte tous les grands monuments d'Héliopolis, nous apparaissait çà et là entre les rameaux et au-dessus de la tête des grands arbres; enfin nous la découvrîmes tout entière, et toute la caravane s'arrêta par un instinct électrique. Aucune plume, aucun pinceau ne pourrait décrire l'impression que ce seul regard donna à l'œil et à l'âme : sous nos pas, dans le lit du torrent, au milieu des champs, autour de tous les troncs d'ar-

bres, des blocs immenses de granit rouge ou gris,
de porphyre sanguin, de marbre blanc, de pierre
jaune aussi éclatante que le marbre de Paros,
tronçons de colonnes, chapiteaux ciselés, archi-
traves, volutes, corniches, entablements, piédes-
taux, membres épars, et qui semblent palpitants,
de statues tombées la face contre terre; tout cela
confus, groupé en morceaux, disséminé en mille
fragments, et ruisselant de toute parts comme les
lacs d'un volcan qui vomirait les débris d'un
grand empire ! A peine un sentier pour se glisser
à travers les balayures des arts qui couvrent toute
la terre ; et le fer de nos chevaux glissait et se
brisait à chaque pas sur l'acanthe polie des corniches. L'eau seule de la rivière de Balbeck se faisait jour parmi ces lits de fragments, et lavait de
son écume murmurante les brisures de ses marbres qui font obstacle à son cours.

» Au-delà de ces écumes de débris qui forment
de véritables dunes de marbre, la colline de Balbeck, plate-forme de mille pas de long, de sept
cents pieds de large, toute bâtie de main d'homme, en pierres de taille, dont quelques-unes ont
cinquante ou soixante pieds de longueur sur vingt
à vingt-deux d'élévation, mais la plupart de quinze
à trente ; cette colline de granit taillé se présentait à nous par son extrémité orientale, avec ses
bases profondes et ses revêtements énormes, où
trois morceaux de granit forment cent-quatre-
vingts pieds de développement et près de quatre
mille pieds de surface ; avec les larges embouchures

de ses voûtes souteraines où l'eau de la rivière
s'engouffrait en bondissant, où le vent jetait avec
l'eau des murmures semblables aux volées loin-
taines des grandes cloches de nos cathédrales.

» Sur cette immense plate-forme, l'extrémité des
grands temples se montrait à nous, détachée de
l'horizon bleu et rosé, en couleur d'or. Quelques-
uns de ces monuments déserts semblaient intacts
et sortis d'hier des mains de l'ouvrier ; d'autres
ne présentaient plus que des restes encore debout, des colonnes isolées, des pans de muraille
inclinés et des frontons démantelés. L'œil se perdait dans les avenues étincelantes des colonnades
de ces divers temples, et l'horizon trop élevé nous
empêchait de voir où finissait ce peuple de pierre.
Les sept colonnes gigantesques du grand temple,
portant encore avec majesté leur riche et colossal entablement, dominaient toute cette scène et
se perdaient dans le ciel bleu du désert, comme
un autel aérien pour les sacrifices des géants.

» Nous ne nous arrêtâmes que quelques minutes
pour reconnaître seulement ce que nous voulions
visiter à travers tant de périls et tant de distance ;
et, sûrs enfin de posséder pour le lendemain ce
spectacle que les rêves mêmes ne pourraient nous
rendre, nous nous remîmes en marche. Nous laissâmes à gauche la montagne de ruines et une
vaste plage toute blanche de débris ; et traversant
quelques champs de gazon brouté par les chèvres
et les chameaux, nous nous dirigeâmes vers une
fumée qui s'élevait à quelque cent pas de nous,

d'un groupe de ruines entrelacées de masures arabes. Comme le jour était tombé, les ombres s'étendaient sur la plaine, et nous nous retournâmes pour jeter un second regard sur les monuments qui nous environnaient.

» Les grands temples étaient devant nous comme des statues sur leur piédestal; le soleil les frappait d'un dernier rayon qui se retirait lentement d'une colline à l'autre, comme les lueurs d'une lampe que le prêtre emporte au fond du sanctuaire; les mille ombres des portiques, des piliers, des colonnades, des autels, se répandaient mourantes sous la vaste forêt de pierre, et remplaçaient peu à peu sur l'Acropolis les éclatantes lueurs du marbre et du travertin. Plus loin, dans la plaine, c'était un océan de ruines qui ne se perdait qu'à l'horizon : on eût dit des vagues de pierre brisées contre un écueil, et couvrant une immense plage de leur blancheur et de leur écume : rien ne s'élevait au-dessus de cette mer de débris, et la nuit qui tombait des hauteurs, déjà grises, d'une chaîne de montagnes, les ensevelissait successivement dans son ombre... »

Le temple immense dont il est ici question, avait été construit sous Antonin-le-Pieux : Constantin en avait fait une église.

Alors que Balbeck formait encore une ville, elle fut prise par Abou-Obeïdah, lieutenant d'Omar, puis par Tamerlan, en 1404 ; en dernier lieu elle fut presque complètement détruite par un tremblement de terre en 1789.

Elle est aujourd'hui comme la capitale des Mou-
zoualès, montagnards farouches et pillards qui
volent aux environs et ne se font pas faute de
détrousser les voyageurs qui ne sont pas munis
d'un firman de Sa Hautesse.

LA TERRE-SAINTE.

Nous allons maintenant pénétrer dans la Terre-
Sainte, en quittant les grandes cités antiques dont
nous tenons à rappeler le souvenir.

Suivons donc le Liban et l'Anti-Liban, qui péné-
trent eux aussi dans la Palestine, qu'ils capiton-
nent de leurs sommets amoindris connus sous toutes sortes de noms, depuis les monts Hermont,
Seyr, Galaad, Garizim, etc., jusqu'à l'extrémité de
la Judée, où ils vont se perdre à l'extrémité septentrionale de la mer Rouge en face des monts
Horeb et Sinaï.

LE CARMEL.

Saluons en passant le mont Carmel, qui s'élève
sur les bords de la Méditerranée, en face d'Acre,
et qui domine la petite ville de Caïffa au Hayfa. Il
semble garder l'entrée de la Terre-Sainte, au nord,
comme un géant formidable. C'est un pic écrasé,
rocailleux, dont les Saintes-Ecritures ont rendu

le nom célèbre. C'est sur le mont Carmel que pria
le prophète Elie. Un couvent et une chapelle dé-
liée au prophète couronnent son sommet. C'est
de là, dit la tradition, qu'il partit pour le ciel dans
un chariot de feu. La hauteur de ce pic est de trois
cents toises au-dessus du niveau de la mer. Ses
flancs sont couverts d'oliviers et de vignes sauvages qui attestent l'existence d'anciennes cultu-
res. Aussi le Carmel, dont le nom signifie *planta-
tion*, est souvent, dans la Bible, l'emblême de la
fertilité : *Au désert sera donné la beauté du Carmel et de la plaine de Saarons....* dit Isaïe, dans
une de ses visions prophétiques; et Amos, le ber-
ger de Thécoa, dit aussi : *Les pâturages des ber-
gers sont en deuil et la tête du Carmel se dessèche...*

Sur ce plateau aéré, et dans le monastère d'Elie,
fut établie, à l'époque du siége de Saint-Jean
d'Acre, par l'armée française, une ambulance réservée aux soldats pestiférés. Ce couvent, fondé
par les Carmes ou religieux du Carmel, en 1180,
était en grande vénération dès le temps de saint
Louis. C'est de là que ce pieux monarque fit venir, en 1259, six religieux qui fondèrent la communauté des Carmes, à Paris.

Dans une des chambres du monastère d'Elie, les
moines ont recueilli un grand nombre d'objets
d'antiquité de différents âges, trouvés parmi les
décombres et dans des fouilles faites au pied du
Carmel. M. Michaud y a remarqué plusieurs médailles phéniciennes et un autel votif sur lequel
le nom d'Homère est gravé en caractères grecs.

LE MONT THABOR.

Le mont Thabor vient ensuite et signale, comme le Carmel, l'entrée dans la Terre-Sainte.

Le mont Thabor est situé en Galilée, à trois milles du lac de Génésareth qu'il regarde vers le nord. Cette montagne, parfaitement ronde, est couverte d'herbes et de fleurs. Son sommet très ombragé est couronné d'une vaste plaine entourée par une immense forêt. Au milieu de cette plaine on trouve un monastère considérable où demeurent de nombreux religieux.

Le sommet de cette montagne ne se termine pas en pointe ; mais il forme un plateau de vingt-quatre stades de large. La hauteur totale du Thabor est de trente stades.

Sur ce plateau supérieur sont fondées trois églises célèbres, d'après le nombre de tentes que Pierre, rempli de joie et de crainte, à la vue de la transfiguration du Sauveur, voulait élever sur ce mont sacré, lorsqu'il disait au Seigneur :

— Nous sommes bien ici : faisons-y trois tentes ; la première pour vous, la seconde pour Moïse, et la troisième pour Elie.

Le monastère, les trois églises, et les cellules des moines sont entourés d'un mur de pierre.

Disons maintenant que la Terre-Sainte a pour limites, au nord le mont Carmel et la Syrie, dont elle est séparée par le Liban. A l'orient, elle est bornée par les monts Hermon, Seger et Galaad, ainsi que par l'antique Idumée. Au midi, l'Arabie Pétrée forme sa barrière ; et enfin, à l'occident, elle s'arrête à la Méditerranée.

Il est inutile de rappeler que la Judée avait été divisée, par Moïse, en douze tribus, ainsi qu'il suit :

Au midi, la *Tribu de Juda* occupait la contrée qui renfermait les villes de Bersabée, Hébron, Bethléem et Jérusalem.

La *Tribu de Siméon* avait été mise en possession de Horma, Siceleg, Jerisnoth, Labna, Macéda, Eglon, Odallam, etc.

La *Tribu de Benjamin*, à l'ouest du Jourdain, possédait Jéricho, Bétel, Ophra, Gabaa, Gabaon, Rama, Maspha et Galgala, où Saül fut proclamé roi.

La *Tribu de Dan*, placée à l'occident de Juda, avait pour domaine les villes du littoral, Joppé, Accaron, Zaréa, Aïalon, etc.

La *Tribu d'Ephraïm*, au nord de Dan, avait pour villes principales Sichem, Galgal, Saarons, Gazer, Silo, où l'Arche d'alliance demeura longtemps, Béthoron, Rahmoth, patrie de Samuel, Samir et Pharaton.

La *Tribu de Manassé*, au nord d'Ephraïm, s'était établie à Mageddo, Thenach, Endor où Saül consulta la pythonisse, Thébès où périt Abimélech, Ephra qui donna le jour à Gédéon, et Samarie qui fut, à l'époque du schisme des dix tribus, la capitale du royaume d'Israël.

Du Carmel au Jourdain, au nord des autres tribus, la *Tribu d'Issachar* possédait Jezraël, où Gédéon remporta une brillante victoire, Hapharaïm, Sunam, non loin des monts Gelboë, où périt Saül, etc.

La *Tribu d'Azer*, entre Sidon et le Carmel, au nord toujours, était maîtresse de Rohob, d'Helcath et d'Achsaph.

Du lac de Génésareth ou mer de Tibériade au mont Carmel, la *Tribu de Zabulon* comptait parmi ses plus importantes possessions Capharnaüm, Béthulie que Judith défendit contre Holopherne, Cana, Gath-Hephir où Jonas reçut le jour, Nazareth et Sephoris. Le mont Thabor et le lac de Tibériade lui appartenaient.

La *Tribu de Nephtali* s'étendait depuis Capharnaüm jusqu'à l'endroit où le Jourdain sort de terre, au pied du Liban. Ses villes étaient Dan, Madon, prise et brûlée par Josué, Azor, Cédès non loin de la vallée de Sennim, où Sisara reçut le coup de la mort, Mèrons près du lac de ce nom, dont la rive occidentale vit la victoire de Josué sur les rois confédérés du nord de la terre de Chanaam.

Quant à la *Tribu de Lévi*, on ne lui avait donné ni villes ni domaines, car elle devait recevoir des autres la dîme de tous les fruits de la Judée.

Au-delà du Jourdain, les *Tribus de Ruben et de Gad* possédaient les villes et les terres d'Adom, près de l'endroit où les Israélites traversèrent le fleuve, Hésébon, Cariathaïm, Bozor et Jaser, où Séhon fut battu ; Manaïm, Sucoth, Phanuel et

Maspha, résidence de Jessé, et enfin Astaroth, Adraï où Og, roi de Bazan, fut vaincu et coupé en morceaux, et Canath où Gédéon défit deux rois madianites.

Maintenant il faudrait pouvoir embrasser d'un coup d'œil l'ensemble de cette terre promise au peuple de Dieu, afin d'en saisir et d'en comprendre toutes les magnificences. A l'aide des plus intéressants récits de pèlerins et de voyageurs, nous donnerons cette satisfaction à nos lecteurs. Voici d'abord comment M. de Châteaubriand décrit la traversée de la contrée pour arriver à Jérusalem :

« Après avoir chevauché une heure sur un terrain inégal, venant de Jaffa, et après avoir traversé la plaine de Saarons et la charmante ville de Rama, nous arrivâmes à quelques masures placées au haut d'une éminence rocailleuse. Au bout d'une autre heure de marche, nous parvînmes à la première ondulation des montagnes de Judée. Nous tournâmes par un ravin raboteux autour d'un monticule isolé et aride. Au sommet de ce tertre, on entrevoyait un village en ruines, et les pierres éparses d'un cimetière abandonné.

» Ce village porte le nom de Larron. C'est la patrie du criminel qui se repentit sur la croix et qui fit faire au Christ son dernier acte de miséricorde. Trois milles plus loin, nous entrâmes dans les montagnes. La lune, diminuée de moitié, éclairait à peine nos pas dans ces profondeurs. Les sangliers faisaient entendre leurs cris sauvages autour de nous.

» Quand le jour fut venu, nous nous trouvâmes au milieu d'un labyrinthe de montagnes de forme conique, à peu près semblables entre elles et enchaînées l'une à l'autre par la base. Parvenus au plus haut point de cette chaîne, nous découvrîmes derrière nous, au midi et à l'occident, la plaine de Saarons jusqu'à Jaffa, et l'horizon de la mer jusqu'à Gaza. Devant nous, au nord et au levant, s'élevait le vallon de saint Jérémie, et, dans la même direction, sur le haut d'un rocher, on aperçoit de loin une vieille forteresse appelée le château des Machabées. On croit que l'auteur des Lamentations vint au monde dans ce village qui a retenu son nom au milieu de ces montagnes. Il est certain que la tristesse de ces lieux semble respirer dans les cantiques du prophète des douleurs.

» Cependant, en approchant de Saint-Jérémie, je fus un peu consolé par un spectacle inattendu. Des troupeaux de chiens aux oreilles tombantes, des moutons à large queue, des ânes qui rappelaient par leur beauté l'onagre des Ecritures, sortaient du village au lever de l'aurore. Des femmes arabes faisaient sécher des raisins dans les vignes; quelques-unes avaient le visage couvert d'un voile, et portaient sur leur tête un vase plein d'eau, comme les filles de Madian. La fumée du hameau montait en vapeur blanche; aux premiers rayons du jour, on entendait des voix confuses, des chants, des cris de joie; cette scène formait un agréable contraste avec la désolation du lieu et les souvenirs de la nuit.

» De la vallée de Jérémie nous descendîmes dans celle de Térébinthe. Elle est plus profonde et plus étroite que la première. On y voit des vignes et quelques roseaux. Nous arrivâmes au torrent où David enfant prit les cinq pierres dont il frappa le géant Goliath. Le torrent conservait encore un peu d'eau stagnante; nous le passâmes sur un pont de pierre, le seul qu'on rencontre dans ces lieux déserts.

» Nous continuâmes à nous enfoncer dans un désert, où des figuiers sauvages clairsemés étalaient aux vents du midi leurs feuilles noircies. La terre, qui jusqu'alors avait conservé quelque verdure, se dépouilla; les flancs des montagnes s'élargirent, et prirent à la fois un air plus grand et plus stérile. Bientôt toute végétation cessa, les mousses mêmes disparurent. L'amphithéâtre des montagnes se teignit d'une couleur rouge et ardente. Nous gravîmes pendant une heure ces régions attristées pour atteindre un col élevé que nous voyions devant nous. Parvenus à ce passage, nous cheminâmes pendant une autre heure sur un plateau nu, semé de pierres roulantes.

» Tout-à-coup, à l'extrémité du plateau, j'aperçus une ligne de murs gothiques flanqués de tours carrées, et derrière lesquelles s'élevaient quelques pointes d'édifices. Au pied de ces murs paraissait un corps de cavalerie turque dans toute la pompe orientale.

» Le guide s'écria : *El Cods!* La ville Sainte ! et il s'enfuit au grand galop.

» C'était Jérusalem.....

» Je restai les yeux fixés sur Jérusalem, mesurant la hauteur de ses murs, recevant à la fois tous les souvenirs de l'histoire, depuis Abraham jusqu'à Godefroi de Bouillon, pensant au monde entier changé par la mission du Fils de l'Homme, et cherchant vainement ce temple dont il ne reste pas pierre sur pierre. Quand je vivrais mille ans, jamais je n'oublierai ce désert qui semble respirer encore la grandeur de Jehovah.... »

Voici maintenant ce que dit M. Mazure, à l'endroit de la Terre-Sainte :

« Ce n'est pas seulement le site de Jérusalem qui captive vivement l'attention dans la Terre-Sainte ; c'est la géographie tout entière de ce pays ; c'est cette Palestine antique qu'il conviendrait de passer en revue la carte à la main. Là, pas un nom qui n'ait laissé une empreinte plus ou moins profonde sur ce sol si fertile, si longtemps la terre de promission. Au midi, voyez la tribu de Juda, s'étendant jusqu'au désert d'Arabie ; à l'ouest, sur la Méditerranée, ces villes florissantes, demi-juives, demi-philistines, Ascalon, Azoth, Joppé, aujourd'hui Jaffa, l'endroit où débarquent les pèlerins, à huit lieues seulement de Jérusalem ; puis, en remontant vers la côte, Césarée, Ptolémaïs, aujourd'hui le pachalik d'Aese, le Carmel, et plus haut, au nord, les terres phéniciennes de Tyr et de Sidon. Puis, en revenant du nord vers le centre, vous arrivez non loin du Carmel, plus haut que Samarie, à la tribu de Zabulon, où se trouve la ville évangélique de Nazareth, si remplie des souvenirs les plus tendres du christianisme, avec ses grottes converties en églises et ses magnifiques chapelles, où la tradition populaire place beaucoup de circonstances relatives à la sainte mère de Dieu, à l'enfance, à la jeunesse, à la vie première et cachée du Sauveur du monde.

» Toute cette terre est semée de religion, de miracles et de sentiments d'amour ; les traces de la vie de Jésus-Christ y sont toutes marquées par les années qui précédèrent sa prédication en Judée.

» Vous y trouvez Cana, où s'opéra le miracle du vin ;

» Le champ des épis, celui de la multiplication du pain ;

» Et le mont des Béatitudes, qui entendit les plus touchants enseignements qui jamais eussent été donnés sur la terre.

» Et tant de scènes diverses sont dominées par les sommets radieux du mont Thabor, sur lequel la face du fils de l'homme, transfigurée, éblouissante comme le soleil, tandis que, dans une grotte qui se voit encore, les disciples endormis s'éveillent soudain et ne peuvent soutenir la gloire qui les environne.

» Considéré dans toute la ligne de l'est, du nord au midi, suivant un cours onduleux, mais direct, le vénérable fleuve du Jourdain descend des montagnes d'Hermon à quelques lieues de Damas, passe à Capharnaüm, traverse le lac de Génésareth, sur les frontières de la Galilée, non loin de Nazareth; puis, dans sa route sinueuse, ce fleuve descend jusqu'à cette mer Morte qui vit autrefois s'abîmer les villes coupables, et dont les bords désolés portent encore l'empreinte extraordinaire des vengeances du Seigneur. Avant d'arriver à la mer Morte, le Jourdain rencontre Jéricho, la ville aux trompettes de Josué, jusqu'à ce qu'il atteigne la mer dans un pays stérile où se trouvaient autrefois les vignobles célèbres d'Engaddi. »

JÉRUSALEM.

Pour visiter Jérusalem avec intérêt, il faut avoir la foi, la foi sainte qui vivifie et rend présents les événements sur lesquels repose la religion de Jésus-Christ, son fondateur, et le Dieu qui a rendu sainte cette terre de Judée.

C'est dans de tels sentiments de pieuse croyance que le vénérable évêque français Arculphe visita Jérusalem et ses environs. Aussi, en lisant un tel guide, qui, au VIIe siècle, parcourait la contrée, portant partout les pas de son pèlerinage, on se sent animé des mêmes pensées de reconnaissance et d'amour que lui, et comme lui, une sainte curiosité vous fait étudier les moindres sites, les coins les plus reculés de ce sol sacré, pour y retrouver un pieux souvenir, y adorer et y prier.

Voici comment s'exprime la narration faite par

Arculphe et écrite sous sa dictée par saint Adaman, ainsi que nous l'avons dit au début de cet article :

« Dans le circuit des murs, Arculphe a compté quatre-vingt-quatre tours et six portes, dans l'ordre suivant :

» D'abord, à l'ouest du mont Sion, la porte de David ;

» Ensuite, la porte de la maison du Foulon ;

» La porte Saint-Étienne ;

» La porte de Benjamin ;

» Puis, une petite porte par laquelle on descend, au moyen de degrés, dans la vallée de Josaphat ;

» Et enfin la porte Tecuitis, — sans doute la porte du fumier.

» Ces portes et ces tours, à partir de la porte de David, sont placées successivement autour de l'enceinte, d'abord vers le nord, puis vers l'orient. Mais, bien que l'on compte six portes dans les murailles, les plus fréquentées sont néanmoins celles de l'occident, du nord et de l'orient.

» La partie de murailles avec les tours qui la dominent, laquelle, depuis la porte de David, s'étend par le nord du mont Sion au midi de la ville, jusqu'au sommet escarpé de cette montagne situé vers l'orient, n'est percée d'aucune porte. »

Arculphe dit ensuite que chaque année, le 15 septembre, il se rassemble dans Jérusalem une foule énorme de gens appartenant à toutes les nations, qui viennent y traiter d'achats, de ventes,

de mille choses de trafic, de sorte que pendant
plusieurs jours ces étrangers logent dans la ville,
tandis que des troupes de chameaux, de chevaux,
d'ânes, de mulets, de bœufs, ayant servi au transport des marchandises, couvrent le sol de la cité
d'une telle quantité d'ordures, qu'il est alors difficile de sortir dans la ville. Mais le saint pontife dit
que tous ces étrangers sont à peine partis que, la
pluie tombant du ciel par torrents, la ville se
trouve en un clin-d'œil nettoyée, purifiée, puisque
les pentes de l'assiette sur laquelle elle est bâtie
donnent un écoulement rapide à l'eau et aux im-
mondices, qui vont s'engouffrer dans les vallées
voisines et sont absorbées par les torrents de Cédron et autres. « Jugez, ajoute le saint écrivain,
combien cette ville est vraiment l'élue du Très-
Haut, puisqu'il ne veut pas qu'elle reste souillée
un seul jour; mais, en l'honneur de son Fils, il la
purifie, cette cité qui, dans l'enceinte de ses murs,
renferme les lieux sanctifiés par la croix et la résurrection. »

Arculphe ne manque pas de signaler la mosquée
d'Omar, qui remplace le célèbre temple de Salomon.

ÉGLISE DU SAINT-SÉPULCRE.

Adaman raconte qu'il interrogea tout particulièrement Arculphe sur le sépulcre du Sauveur et
l'église que l'impératrice Hélène fit élever au-
dessus.

En effet, comme nous l'avons vu, sainte Hélène, mère de Constantin, visitant la Palestine, vers 236, à l'aide des traditions fit rechercher avec le plus grand soin les endroits principaux du théâtre des événements de la vie de Notre-Seigneur Jésus-Christ, savoir :

Le lieu de naissance du Sauveur;

Le lieu de sa passion;

Et celui de sa résurrection.

Aussi fit-elle élever une église à Bethléem, une autre église sur le mont des Oliviers, et une troisième église sur le saint sépulcre qui avait reçu le corps du Sauveur lorsqu'il avait été détaché de la croix.

Déjà, pour effacer ces mémorables souvenirs, les païens avaient dressé des temples sur les points les plus vénérés par les disciples de Jésus-Christ. Ainsi l'empereur Adrien avait élevé un temple à Vénus sur le tombeau de l'Homme-Dieu !

Saint Eusèbe raconte que quand Hélène, mère de l'empereur Constantin, rebâtit Jérusalem, qui n'était plus qu'une solitude et un monceau de pierres, comme il est dit dans le prophète, elle chercha avec soin le tombeau où le Christ avait été déposé et d'où il ressuscita, et enfin, non sans peine, le découvrit. « Je vais raconter, en peu de mots, pourquoi il fut si difficile à trouver. Autant ceux qui embrassèrent la religion du Christ avaient un profond respect pour ce sépulcre, monument de sa passion, autant, au contraire, ceux qui abhorraient le christianisme s'empressèrent, pour le faire disparaître, de porter une grande quantité de terre dans cet endroit, y élevèrent de grandes éminences, et y bâtirent le temple de Vénus. Ayan ainsi supprimé tout souvenir de la place, ils y établirent leur idole. Ceci nous a été raconté depuis longtemps comme une vérité. »

A la question d'Adaman, Arculphe répondit que l'église du Saint-Sépulcre est fort grande, tout en pierre, et formant une rotonde qui s'élève sur trois murs, entre chacun desquels est la largeur d'une route. Dans l'espace du mur qui occupe le milieu, on a eu l'art de dresser trois autels. L'un de ces autels regarde le midi, l'autre le nord, le troisième le couchant. L'église est soutenue par douze colonnes de pierre d'une grandeur étonnante. Huit portes donnent accès dans cet édifice, c'est-à-dire quatre entrées percées dans ses trois murs. Quatre de ces portes sont placées au vent du Vulturne, et les quatre autres vers l'Eurus.

Au centre de la rotonde, on voit taillé dans le roc un oratoire où neuf hommes, mais debout, peuvent prier à la fois. La voûte de cet oratoire est plus élevée de un pied et demi que la tête des hommes. Son entrée fait face à l'orient. On l'a revêtu de marbre de choix à l'extérieur. Une croix d'or surmonte son sommet. C'est dans la partie septentrionale de cet oratoire que se trouve le sépulcre du Sauveur taillé dans le roc; mais le pavé de l'oratoire est plus bas que le sépulcre, car, de ce pavé au bord du sépulcre, il y a une hauteur de trois palmes.

Il est à propos de remarquer la différence qui existe entre le tombeau et le sépulcre, ajoute Arculphe, parlant à Adaman. L'oratoire rond est le tombeau, à la porte duquel fut placée la pierre scellée, qui fut enlevée ensuite lors de la résurrection. Mais le sépulcre est l'endroit du tombeau situé à la partie nord, où le corps du Christ reposa dans son linceul. La mesure que prit Arculphe du saint sépulcre est de sept pieds; mais il n'est pas double, c'est-à-dire que le rocher n'a pas été taillé de manière à séparer les deux jambes : il forme comme un lit sur lequel un homme reposerait sur le dos; seulement la tête est légèrement élevée. En un mot, c'est une grotte dont l'entrée, placée sur le côté, regarde la partie sud du tombeau. Douze lampes, figurant les douze apôtres, brûlent constamment dans le sépulcre : huit occupent le côté droit, quatre occupent le pied du lit de pierre.

A cette église en rotonde, construite sur le sépulcre du Sauveur, on a donné le nom d'*Anastase* ou *Résurrection*.

Quant à la pierre qui avait servi à clore le tombeau pendant que le corps du Sauveur reposait dans le sépulcre, d'après Arculphe, elle fut divisée en deux parts. De la plus petite on fit un autel carré placé devant la porte de l'oratoire, c'est-à-dire du tombeau. La plus grande fut taillée de même et devint aussi un autel quadrangulaire, placé sur le côté oriental de l'église en rotonde.

Au temps d'Arculphe, le tombeau n'était encore

couvert d'aucun ornement, et montrait, sur toute la muraille, la trace des instruments qui l'avaient creusé. La pierre offrait un mélange de veines rouges et blanches.

ÉGLISE DU GOLGOTHA.

Arculphe nous apprend ensuite que la pieuse Hélène ayant achevé l'église qui abrite le saint sépulcre, fit aussi élever une autre église en carré long, à quelques pas de la première, et s'y rattachant par une cour. Dans cette seconde église, on tailla dans le rocher une grotte au lieu précis où s'éleva la croix du Sauveur. De la voûte pend au-dessus de cet endroit qui porta l'arbre sacré une sorte de roue d'airain, à laquelle sont fixées des lampes et est attachée une grande croix d'argent qui s'abaisse sur le point où s'éleva jadis l'instrument de mort de Notre-Seigneur.

ÉGLISE DE SAINTE-MARIE.

Appuyée contre l'église du Golgotha, il est une autre église plus vaste, qu'Arculphe nous signale comme dédiée à Notre-Dame, la mère du Seigneur.

BASILIQUE DE CONSTANTIN.

Egalement tout près de l'église du Golgotha et

de celle du Saint-Sépulcre, à l'orient, fut bâtie à grands frais par Constantin une basilique de pierre qui reçut le nom de *Martyrium*. Ce fut sur un lieu sacré que l'on dressa cet édifice, car Hélène, dans les fouilles qu'elle fit exécuter, y retrouva la croix du Sauveur, avec celles des deux voleurs, ses compagnons de supplice.

Arculphe nous signale entre ces deux églises le lieu sacré où jadis, comme figure de l'immolation de Jésus, le patriarche Abraham dressa un bûcher sur lequel il eût égorgé son fils, comme offrande à Dieu, si un ange ne l'eût retenu.

PRÉCIEUSES RELIQUES.

Or, Arculphe nous apprend aussi que, entre cette église de Constantin ou Martyrium et l'église du Golgotha, il se trouvait de son temps une sorte de sanctuaire où l'on conservait la coupe qui avait servi à Notre-Seigneur dans la dernière cène pour instituer le sacrement de l'Eucharistie. Le pieux évêque, qui vit cette coupe ou calice, par une ouverture du meuble qui le tient renfermé, qui le toucha de sa main et le baisa, nous dit qu'elle a la capacité d'un setier de France, et qu'elle est munie de deux anses. La tradition raconte que ce fut de cette même coupe dont se servit Notre-Seigneur, après sa résurrection, dans un repas qu'il fit avec ses apôtres. Arculphe vit dans cette coupe l'éponge qui servit aux bourreaux pour l'imbiber de fiel et de vinaigre, et l'approcher de la bouche du Sauveur, alors qu'il subissait le supplice sur le Calvaire.

Arculphe nous raconte qu'il vit aussi la lance dont fut percé le côté du Seigneur, alors qu'il était en croix. Cette lance était placée dans une croix de bois, sous le portique de la basilique de Constantin : sa hampe était brisée en deux. Arculphe vit encore le saint suaire du Sauveur, celui qui fut placé sur sa tête dans le sépulcre. Enfin il eut le bonheur de voir aussi, à Jérusalem, un autre linceul plus grand, que la tradition dit être l'œuvre de la sainte Vierge. Aussi le peuple le vénère-t-il d'une façon toute particulière. Il est mi-partie rouge et verte. Les noms des douze apôtres y sont brodés, et la figure de Notre-Seigneur y est représentée.

ÉTAT ACTUEL DES LIEUX SAINTS.

Du pieux Arculphe, passons maintenant à un autre pèlerin, mais un pèlerin moderne, le R. P. Laorty-Hadji. Voici ce qu'il nous dit des lieux saints de nos jours, c'est-à-dire des quatre églises du Saint-Sépulcre, du Golgotha, de Sainte-Marie, et du Martyrium de Constantin, dont Arculphe vient de nous entretenir, mais avec les modifications qu'elles ont subies :

« L'église du Saint-Sépulcre, nous dit-il, est bâtie dans la vallée du Calvaire, sur le terrain où Jésus fut enseveli. L'édifice, cruciforme et circulaire, comme le Panthéon de Rome, ne reçoit le jour que par un dôme au-dessous duquel se trouve le saint sépulcre. Cette rotonde était autrefois ornée de seize colonnes de marbre qui soutenaient, en décrivant dix-sept arcades, une galerie supérieure, également composée de dix-sept arcades et de seize colonnes, les unes et les autres plus petites que celles du rang inférieur. Dans les réparations faites par suite des incendies qui ont altéré cet édifice, ces dispositions ont été conservées, mais la plupart des colonnes ont été remplacées par des pilastres. Au-dessus de la frise de la deuxième galerie s'élèvent des niches qui correspondent aux arcades, et qui, autrefois, étaient décorées de mosaïques. Le dôme s'appuie sur l'arc de ces niches.

» Le saint sépulcre se trouve placé au-dessous de cette coupole circulaire. C'est là que les traditions du pays ont longtemps placé le centre de la terre. Sous le rapport de l'art, la chapelle qui enferme le saint sépulcre n'a rien qui la distingue, le dessin en est même d'assez mauvais goût. Elle est divisée intérieurement en deux parties, l'une dans laquelle se trouve la pierre où était assis l'ange qui annonça aux saintes femmes la résurrection de Jésus-Christ; et l'autre qui contient le saint sépulcre. Une porte basse, fermée par un rideau de soie cramoisie, établit la communication entre les deux sanctuaires. Des lampes en or et en argent, d'une merveilleuse richesse, éclairent nuit et jour l'enceinte de la chapelle, où brû-

lent constamment de suaves parfums. De magnifiques tentures de velours en recouvrent entièrement les murs. Au-dessus de l'autel de marbre
blanc qui voile le sépulcre, est un tableau repré-
sentant Jésus-Christ vainqueur de la mort. Le
tombeau est creusé dans le roc et recouvert d'une
table de marbre sur laquelle fut déposé le corps
de Jésus, ayant les pieds vers l'orient et la tête
vers l'occident. Le sarcophage a sept pieds de
long sur deux pieds et demi de large.

» L'air doux et embaumé qu'on sent en entrant
dans ce lieu saint, le silence et le recueillement
qui y règnent, l'effet mystique et sombre de la lumière, atténuée par les tentures qui décorent l'enceinte, joints au souvenir du mystère divin qui
s'y est accompli, vous remplissent d'un sentiment
qui fait taire l'orgueil et fléchir les genoux.

» L'église du Saint-Sépulcre, d'une ancienneté
incontestable, a été, suivant les uns, commencée sous Adrien ; suivant les autres, sous Constantin seulement, et achevée en 335. Elle fut tour
à tour ravagée par Chosroës, roi des Perses, et
dévastée par le Khalife fatimite kakem. Mais l'ensemble et les gros œuvres de l'édifice ne semblent pas avoir beaucoup souffert de ces atteintes.
Elle serait aujourd'hui encore à peu près ce
qu'elle était à la date de l'érection, sans les dé-
vastations de l'incendie du commencement de ce
siècle. En 1817, un architecte européen fut chargé de la reconstruire ; c'est l'Eglise grecque qui
en fit les frais. Depuis lors elle en a la possession.

» L'architecture, avant l'incendie de 1808, était évidemment en grande partie du temps de Constantin : l'ordre corinthien y dominait. Les colonnes étaient lourdes ou maigres, et leurs diamètres presque toujours sans proportion avec les hauteurs. L'ég'ise est sans péristyle; on y entre par une seule porte.

» Rien de plus saisissant que l'aspect de l'église du Saint-Sépulcre, dont toutes les stations ont un caractère imposant et sublime. Eclairée par une foule de lampes qui jettent sur tous les objets leur teinte douce et mystérieuse, elle dispose l'âme à la prière, et agit sur la mémoire par la grandeur du souvenir. Du haut des arcades qu'habitent les prêtres chrétiens de diverses communions, sortent, de temps à autre, des cantiques psalmodiés qui semblent descendre du ciel. A la variété des voix et des idiômes, se joignent des sons harmonieux qui se font entendre à toutes les heures du jour et de la nuit. Vous écoutez tour à tour l'orgue, les chants et les prières, tandis qu'un nuage d'encens s'élève de tous les coins de la nef et semble donner une réalité physique aux mystères qui s'accomplissent sur l'autel.

» Les rois et les princes chrétiens ont généralement contribué dans tous les temps à la pompe des cérémonies du culte dans cette église. Au siècle dernier surtout, les ornements de l'autel y étaient magnifiques. Le voyage inédit de Turpetin, écrit en 1715, signale comme un des plus re-

marquables celui qui avait été donné par nos rois,
et qu'on appelait *l'ornement de France.*

» Le chœur de l'église, situé à l'orient du tombeau, est double, comme dans les anciennes basiliques, et autour du double sanctuaire règnent les ailes du chœur, toutes garnies de chapelles. Dans l'aile droite s'ouvrent deux escaliers qui conduisent, l'un à l'église et à la cime du Golgotha, l'autre au *Martyrium* ou église de l'Invention de la sainte Croix.

» L'entrée du temple de la Résurrection ou du Saint-Sépulcre donne sur un parvis d'environ vingt-cinq pas de long sur vingt de large. Tout autour de cette place sont des bâtiments qui lui forment comme une espèce de clôture. On ne peut y arriver qu'en passant sous une porte très resserrée. Les rues qui y aboutissent sont extrêmement sales, étroites, et en grande partie dépavées. On ne voit pas sans peine ces masses de constructions irrégulières qui pressent la façade de la basilique et l'encombrent de toute part. L'architecture de cette partie de l'édifice est du style gothique des xiie et xiiie siècles. Deux portes, ou plutôt une double porte en ogive, dont un gros pilier orné de cinq colonnes de marbre établit la séparation, conduit à l'intérieur. Une de ces portes est murée, l'autre est percée de plusieurs trous qui servent à communiquer avec ceux du dedans. Chaque côté des deux portes est flanqué de deux élégantes colonnettes de marbre avec des chapiteaux corinthiens gothiques. Au-dessus de leurs arceaux est un simple cordon qui sépare le sommet de la voûte de deux fenêtres correspondantes et construites dans le même système. Une corniche richement travaillée forme le couronnement de la façade.

» Vers la gauche du monument est une tour carrée d'une fort belle exécution, et qui servait autrefois de clocher; cette tour est rasée à la partie supérieure. Les musulmans lui firent subir cette mutilation lorsqu'ils redevinrent maîtres de Jérusalem. Elle a trois étages de fenêtres, et ne domine pas de beaucoup l'édifice. Les fenêtres de l'étage supérieur sont ornées de colonnettes de marbre. A partir du sol, la porte de la tour se trouve murée jusqu'à la hauteur d'une quinzaine de pieds. La portion qui reste ouverte sert à donner du jour aux deux chapelles du Calvaire.

» Devant la porte d'entrée, et un peu en-dehors, on remarque, entre les pierres du pavé, une grande quantité de clous enfoncés jusqu'à la tête. Ces clous, auxquels les voyageurs ne font pas ordinairement attention, sont placés dans cet endroit par le patriarche des Grecs qui, chaque année, revêtu de ses habits pontificaux, vient à l'époque du samedi saint prononcer une excommunication contre les catholiques romains, et enfonce en même temps un clou dans le pavé à grands coups de marteau, en mémoire de l'anathème qu'il prononce.

» La garde du Saint-Sépulcre était confiée à des Turcs lors de notre passage à Jérusalem.

Aux jours où elle est visitée par les pèlerins, ils 's'établissent à l'entrée, armés de gaules et de fouets, pour faire la police, et prélèvent sévèrement un tribut sur chaque personne, frappant sans ménagement celui qui voudrait éluder le péage. Dans les autres temps, ils fument, bâillent, dorment sur un divan ou jouent aux échecs, etc...

» Si l'on quitte le divin sanctuaire pour suivre la voie douloureuse, c'est-à-dire le chemin que parcourut Jésus-Christ en se rendant de la maison de Pilate au Calvaire, toute l'histoire de la Passion se déroule peu à peu sous les yeux du voyageur.

» D'abord paraît la maison de Pilate, maintenant la demeure du gouverneur, et qui domine le vaste emplacement du temple de Salomon et la mosquée bâtie sur cet emplacement. On y fait remarquer encore l'arcade d'où Pilate montra au peuple le Fils de Dieu, après qu'on l'eût battu de verges et couronné d'épines. Ce fut là qu'il s'écria : *Ecce Homo!* Voilà l'Homme!

» A cent vingt pas plus loin est l'église de Notre-Dame-des-Douleurs, où l'on dit que Marie, chassée d'abord par les gardes, rencontra son fils chargé de sa croix.

» Plus loin, Simon le Cyrénéen aida le Sauveur à porter l'instrument de son supplice.

» Une rue voisine, où demeurait d'un côté Lazare le pauvre, et de l'autre le Mauvais Riche, réveille le souvenir de cette belle parabole de l'Evangile.

» Après la maison du Mauvais Riche, on remarque l'endroit où Jésus, voyant des femmes qui pleuraient, leur dit : Filles de Jérusalem, ne pleurez pas sur moi, mais pleurez sur vous-mêmes et sur vos enfants....

» Ensuite on découvre l'emplacement de la maison de Véronique, cette pieuse femme qui essuya le visage du Sauveur.

» Puis vient la Porte Judiciaire, qui conduit au Golgotha, et où se termine la voie douloureuse, après un mille environ de longueur. »

ÉGLISE ET TOMBEAU DE LA SAINTE VIERGE,
DANS LA VALLÉE DE JOSAPHAT.

Le pieux Arculphe visita fréquemment une église située dans la vallée de Josaphat, et qui était consacrée à Notre-Dame.

Il représente cet édifice comme étant double, et sa partie inférieure offrant une rotonde admirable sous une voûte de pierre. On remarque un autel placé à l'orient de l'édifice, et, à la droite de l'autel, le sépulcre de la sainte Vierge creusé dans la pierre. La tradition fait reposer le corps de Marie dans ce tombeau, mais peu de temps seulement, car il disparut un jour, sans que jamais on ait pu savoir quelle main l'enleva et sur quel point il attend l'heure de la résurrection.

Une des précieuses reliques de cette église est

à droite, attachée à la muraille, la pierre sur laquelle Jésus-Christ s'agenouilla pour prier, dans le champ de Gethsémani, dans la nuit cruelle où Judas le livra à ses ennemis.

Quatre autels décorent l'église supérieure, qui est en forme de rotonde.

Assez près de cette église, dans cette même vallée de Josaphat, les pèlerins remarquent la tour de Josaphat; puis, cette tour passée, ils aperçoivent une maison de pierre taillée d'un rocher détaché du mont des Oliviers.

En pénétrant dans cette maison, on voit deux sépulcres des plus simples : le premier est le tombeau de saint Siméon, celui qui eut la satisfaction de voir l'Enfant Jésus avant de mourir, et le second est le tombeau de saint Joseph, l'époux de la sainte Vierge et le père nourricier de Notre-Seigneur.

GROTTE DU MONT DES OLIVIERS.

Assez près de l'église de la sainte Vierge, placée de manière à dominer quelque peu la vallée de Josaphat, est une grotte taillée dans le rocher qui fait partie du mont des Oliviers, sur l'un de ses côtés.

On y trouve deux puits très profonds. Arculphe nous apprend que l'un de ces puits très profonds s'étend fort au loin sous la montagne, et que l'autre est creusé en droite ligne sous le pavé de la grotte. Mais on tient ces puits constamment fermés.

Dans la même grotte, on voit aussi quatre tables de pierre, dont l'une, voisine de l'entrée, est désignée sous le nom de table de Notre-Seigneur. La tradition veut qu'il s'y soit assis souvent avec ses douze apôtres.

Arculphe vint souvent visiter cette grotte : il nous dit qu'une porte de bois lui sert de clôture.

MONTAGNE DE SION.

Arculphe nous a signalé déjà la porte de David, qui domine un chemin en pente douce descendant vers le flanc droit du mont Sion. En sortant de Jérusalem par cette porte, on laisse la montagne à gauche, et on arrive à un pont en pierre qui traverse le Cédron, dans la vallée de Josaphat. Ce pont est composé d'arches, et s'avance assez loin dans la vallée, au midi.

Quand on atteint le milieu de ce pont et qu'on regarde vers le couchant, on voit un figuier colossal aux branches duquel se pendit le traître Judas, désespéré, mais trop tard, d'avoir vendu son divin maître.

Cette montagne de Sion est couronnée d'une basilique en forme de parallélogramme.

Arculphe y vit une pierre sur laquelle dormit

saint Etienne, le martyr qui fut lapidé hors de la ville.

Sur le côté occidental extérieur de cette église, on vénère une autre pierre sur laquelle, prétend-on, fut flagellé Notre-Seigneur.

Le plateau du mont Sion, sur la pente méridionale, porte un petit champ couvert de pierres, qui reçut le nom de Acheldemach (Haceldama). C'est là que l'on enterre précisément les corps des étrangers. Arculphe, qui le visita souvent, y vit des cadavres abandonnés sans sépulture et en putréfaction complète, tout au plus couverts de haillons et de peaux.

MONTAGNE DES OLIVIERS.

Arculphe prend soin de nous dire que de Jérusalem jusqu'à Ramatha, la ville de Samuel, au nord, le sol est aride et rocailleux; à l'occident, au contraire, c'est-à-dire du mont Sion jusqu'à Césarée, à part quelques points arides, la campagne offre des champs couverts d'oliviers, de bonnes terres, et des pâturages.

Puis, se mettant à parler du mont des Oliviers, qui est à l'est de la ville, il nous dit que les seuls arbres que l'on y trouve sont des oliviers et des vignes. Il y vit de belles moissons d'orge et de froment; nulle part de broussailles, mais partout des herbes et des fleurs.

Il lui donne la même élévation qu'à la montagn
de Sion, tout en signalant que cette dernière pa
raît étroite en longueur et en largeur auprès d
mont des Oliviers.

C'est entre le mont des Oliviers et la montagn
de Sion que s'étend la vallée de Josaphat.

Le mont des Oliviers offre un point culminar
du sommet duquel Notre-Seigneur quitta la terr
pour remonter au ciel.

On y a édifié une vaste église en rotonde, déco
rée de trois portiques cintrés et couverts. Mai
l'église elle-même n'a pas de toiture, et on y voit l
ciel, de sorte que du lieu où s'enleva le Sauveu
des hommes une voie est toujours ouverte jus
qu'au firmament.

L'endroit où se trouvaient les pieds de Notre
Seigneur quand il s'éleva de terre n'est point pavé
Quand on voulut y placer du marbre, par respec
pour ce sol sacré, la terre se souleva et repouss
le marbre à plusieurs reprises, et chaque fois qu
la main des ouvriers essaya de la cacher. En outr
de ce premier prodige, il en est un second égale
ment admirable : c'est que la poussière conserv
encore l'empreinte des pas de l'Homme-Dieu, quo
que chaque jour les pèlerins enlèvent de cett
poussière précieuse. Toutefois, Arculphe pren
soin de dire qu'on a entouré ces divines empreir
tes d'un grand cercle d'airain, et que, au centr
de cet appareil protecteur, on a disposé une ou
verture qui permet de contempler les vestige
imprimés par les pieds du Sauveur.

Une lampe est suspendue au-dessus du cercle de cuivre, et, nuit et jour, y répand une admirable lumière.

Sur la partie occidentale de cette église, ont été ouvertes huit fenêtres, munies de vitraux, et, en face de ces fenêtres, brûlent autant de lampes, qui donnent un tel éclat qu'elles illuminent à travers les vitres, non-seulement le même côté de la montagne, mais aussi les degrés qui servent à gravir la montée de Jérusalem, de l'autre côté de la vallée de Josaphat, et la partie de la ville qui fait face.

Arculphe signale ceci, que, dans la fête de l'Ascension, chaque année, au milieu du jour, alors que les saints mystères sont à leur fin, souffle un vent si véhément qu'il devient impossible de rester soit debout, soit même assis dans l'église, et qu'il faut se prosterner en toute hâte, jusqu'à ce que la violente tempête soit passée. Arculphe se trouva dans cette église des Oliviers au moment où cet ouragan se déchaîna.

Le saint évêque ajoute que, dans la nuit de cette fête de l'Ascension, on ajoute aux huit lampes, qui brûlent sans cesse, un nombre infini d'autres lampes, de sorte que ce sont des flots de lumière qui s'échappent par les vitraux. Le mont des Oliviers n'est plus simplement illuminé, il paraît tout en feu, et Jérusalem tout entière en devient resplendissante.

3.

BÉTHANIE ET LE SÉPULCRE DE LAZARE.

Au milieu de la forêt d'oliviers du mont des Oliviers, se trouve le champ de Béthanie.

Dans ce champ, on voit un monastère et une basilique.

C'est dans la basilique que se rencontre la grotte contenant le sépulcre d'où le Seigneur rappela Lazare à la vie, après quatre jours de mort.

On lit dans l'évangéliste saint Mathieu :

« Comme Jésus était assis sur le mont des Oliviers, ses disciples vinrent vers lui secrètement et lui dirent : Apprends-nous quand ces choses arriveront, et quels seront les signes de ton arrivée et de la fin du monde?... »

C'est sur un point du mont des Oliviers, situé au midi du village de Béthanie, que cet entretien du Sauveur avec ses disciples avait lieu. On y a construit également une église d'une grande magnificence.

BETHLÉEM.

Arculphe transporte ensuite ses lecteurs de Jérusalem à Bethléem, où le Sauveur naquit de la Vierge Marie. Bethléem n'est pas une grande ville, nous dit-il, elle est même fort médiocre, mais sa renommée s'est étendue à toutes les églises de l'univers.

Le pieux pèlerin nous apprend que Bethléem est située sur la croupe d'une montagne que des vallées entourent de toutes parts. Le plateau de cette montagne offre environ un parcours de mille pas de l'occident à l'orient. Au point culminant, on voit un petit mur sans tours qui domine toutes les vallées et enserre les maisons composant la ville de Bethléem.

Tout-à-fait à la pointe de l'angle oriental de la ville, on trouve une demi-grotte naturelle, dont la partie la plus reculée devint le berceau de notre Sauveur. Le point le plus voisin de l'entrée est le lieu précis où vint au monde l'Homme-Dieu. On a recouvert d'un marbre précieux tout l'intérieur de cette demi-grotte. Mais, au-dessus, il a été construit une grande église d'où l'on descend dans la grotte par des escaliers taillés dans ce rocher.

Cette grotte, a dit Arculphe, est située à l'extrémité orientale de Bethléem, et par conséquent elle est voisine du mur d'enceinte dont nous avons parlé. Or, au pied extérieur de ce mur, il est une pierre sur laquelle coula, du haut du mur, l'eau qui avait servi à laver le corps de l'enfant nouveau-né, quand on la jeta du dehors de la grotte. En tombant de haut sur cette pierre, l'eau rencontra comme une cavité naturelle, et depuis le moment où cette cavité fut ainsi remplie, elle demeura constamment remplie de l'eau la plus limpide et la plus pure, selon la parole : « Il fit sortir l'eau de la pierre... » Arculphe a vénéré cette eau miraculeuse et s'y est lavé les yeux et le visage.

Hors des murs de la ville, dans une vallée placée à la partie nord du mont Bethléem, il est une autre église, au milieu de laquelle se trouve le sépulcre où fut enterré le roi David. Il est sans aucun ornement, sauf une sorte d'obélisque de petite dimension. Une lampe brûle au-dessus. Arculphe visita pieusement ce tombeau.

Il vénéra de même le sépulcre de saint Jérôme, qui vécut et mourut à Bethléem. On trouve ce sépulcre dans une église qui est hors de la ville, dans la vallée qui occupe le pied méridional de la montagne. Il est simple et modeste comme celui du roi David.

Enfin, dans une autre église qui a été édifiée au levant et à mille pas de Jérusalem, Arculphe vénéra une large pierre sous laquelle reposent les trois pasteurs qui gardaient leurs troupeaux, pendant la nuit, lorsque tout-à-coup, du milieu d'une clarté céleste, la voix des anges leur annonça la naissance du Fils de l'Homme par ces mots : *Gloria in excelsis Deo.*

La Bible nous raconte que Rachel fut ensevelie à Ephrata, c'est-à-dire dans le pays de Bethléem : elle ajoute que ce fut près de la route. Arculphe dit en effet qu'il vit sur la voie royale qui mène de Jérusalem vers le midi à Hébron, c'est à Bethléem, qui est à six milles de Jérusalem, à l'orient

de cette voie, une grossière construction, sans
ornement, surmontée d'une pyramide de pierres.
Il y lut le nom de Rachel écrit encore aujourd'hui
tel que le fit inscrire son mari Jacob.

Hébron, ou Chebron, comme l'appelle Arculphe,
qui a nom aussi Mambré, était autrefois la métro-
pole des Philistins et demeure des géants. David
y régna sept ans. Arculphe ne la trouva plus entourée de merveilles : il n'y vit que les ruines
d'une grande cité. A peine y trouve-t-on debout
de misérables huttes, soit en-dedans, soit en-dehors des lignes occupées par les murs maintenant tombés.

VALLÉE DE MAMBRÉ.

A l'orient d'Hébron, se trouve la double caverne
regardant Mambré, que le patriarche Abraham
acheta d'Effron l'Héthéen pour y élever un double
sépulcre.

Ce fut dans cette vallée de Mambré que se rendit ensuite notre pèlerin Arculphe pour visiter les
sépulcres d'Arbée, c'est-à-dire des quatre patriarches Abraham, Isaac, Jacob et Adam, le premier
homme. On leur a tourné les pieds vers le nord,
contrairement à l'usage des autres pays, qui les
tournent vers l'orient. Un petit mur carré entoure
ces sépultures antiques. Le corps d'Adam est sé-

paré des trois autres : il est placé vers l'extrémité septentrionale de ce mur triangulaire. Il n'occupe pas un sépulcre de pierre taillé dans le roc, comme les autres de sa race, mais dans la terre même; et le premier homme, redevenu poussière, repose dans la poussière, en attendant la résurrection. Ainsi que lui, les trois autres patriarches sont couverts d'une vile poussière. Ces quatre sépulcres sont surmontés de petits dômes arrondis dans une seule pierre, comme ceux d'un temple, mais de la dimension de chaque sépulcre. Les trois sépulcres d'Abraham, d'Isaac et de Jacob, voisins les uns des autres, ont leurs dômes faits en pierre dure : celui de la sépulture d'Adam a un dôme d'une couleur plus sombre et d'un travail moindre.

Arculphe vit aussi, au même endroit, trois autres dômes plus petits et plus modestes : ce sont les tombeaux de Sara, Rebecca et Lia; le champ mortuaire est à un stade, vers l'orient, de la cité d'Hébron.

La colline de Mambré, à mille pas au nord du sépulcre, est tapissée d'herbes et de fleurs : elle regarde Chebron qui lui est opposée au midi. Ce monticule, que l'on appelle Mambré, est couronné d'un plateau, dont la partie septentrionale porte une grande église de pierre.

Là, à droite, entre deux murs de cette grande église, l'œil du pèlerin est singulièrement surpris en apercevant le tronc d'un chêne mort, protégé par le toit de l'édifice, et qui est de cette **grosseur**

que les bras de deux hommes peuvent à peine
l'embrasser. On voit que des coups de hache sont
donnés souvent sur ce tronc de chêne pour en
détacher des parcelles que l'on emporte et que
les pèlerins gardent précieusement, car ce chêne
n'est autre que le fameux chêne de Mambré, nommé aussi le chêne d'Abraham, parce que ce fut sous
son ombrage que le patriarche donna autrefois
l'hospitalité aux anges. On sait par saint Jérôme
que ce chêne subsista depuis le commencement
du monde jusqu'à Constantin, et il existait encore
en partie au temps d'Arculphe, qui raconte l'a-
voir vu de ses propres yeux.

Quand on sort de Chebron pour entrer dans la
plaine vers le nord, assez près de la route, à gauche, il est un petit bois de pins, à trois milles de
là. On transporte ce bois à Jérusalem à dos de
chameau, pour servir au chauffage. Il est rare que
dans ces contrées on voie faire des transports en
chariots ou en charrettes.

JÉRICHO.

Le pèlerin Arculphe alla visiter l'endroit où fut
autrefois la ville de Jéricho, que détruisit Josué,
après le passage du Jourdain, et quand il eut vaincu et fait périr le roi du pays.

Cette ville fut rebâtie par Oza de Béthel, de la
tribu d'Ephraïm, et notre Seigneur la visita fré-

quemment. Alors que les armées romaines faisaient le siége de Jérusalem, elle fut de nouveau
prise et détruite par le fait de la perfidie de ses
habitants. Elle fut encore reconstruite, mais une
troisième fois aussi elle fut renversée. Arculphe
en vit les ruines. Après ces trois destructions suc-
cessives, il y trouva, debout toujours, la maison
de Rahab, cette femme généreuse qui fit cacher
sous de la paille dans son grenier les envoyés de
Josué, fils de Nun. Seulement le toit de la maison
n'existait plus au temps d'Arculphe. On ne voit
aucune autre habitation sur le sol occupé jadis
par Jéricho : tout y est couvert de vignes et de
moissons. Des bois de palmiers s'étendent entre
cet emplacement de la ville et le fleuve du Jourdain, et sous ces bois s'ouvrent quelques petits champs occupés par un nombre infini de cabanes qu'habitent les restes de la misérable race
des Chananéens.

LE JOURDAIN.

Galgala est sur les bords du Jourdain.

Arculphe y vit une grande église construite
dans le lieu même où les fils d'Israël, après avoir
passé le Jourdain, s'arrêtèrent pour la première
fois sur la terre de Chanaan.

Le saint évêque raconte qu'il vit dans cette
église les douze pierres dont le Seigneur parla et

es termes à Josué : « Choisis douze hommes, un
ans chaque tribu, et commande-leur de prendre
ans le lit du Jourdain, à l'endroit où posèrent
es pieds des prêtres, douze grosses pierres, que
ous placerez au lieu où vous fixerez vos tentes
ette nuit. » Arculphe a vu ces douze pierres.
lles sont grossières, et la main de l'ouvrier ne
es a pas touchées. On en voit six à droite sur le
ol de l'église, et six au nord, dans la même église.
à peine de ces pierres deux de nos plus vigoureux
eunes gens pourraient-ils en soulever une. Il en
st une, dit Arculphe, qui a été brisée en deux
arts : mais on les a réunies à l'aide d'un lien de
er.

C'est à Galgala, sur le territoire de Juda, en-de-
à du Jourdain, qu'est fondée cette église, construite au lieu même où l'on déposa les douze
pierres.

Le saint évêque Arculphe raconte ensuite comment il traversa souvent le Jourdain, et il dit que
'on a planté une croix à l'endroit sacré où le
Sauveur fut baptisé par saint Jean. Seulement, il
ajoute que ce lieu mémorable est toujours couvert par les eaux du fleuve, qui ont là la hauteur
d'un homme de grande taille... La croix de bois
est généralement cachée quand les eaux sont
grosses. Mais de cette croix aux rives du Jourdain
on a établi un pont, soutenu par des arches,
qui permet de communiquer avec le point vénéré
où l'eau du baptême fut imposée sur Notre-Seigneur.

On voit aussi une petite église, en forme de carré, au lieu où le Sauveur déposa ses vêtements pour descendre dans le fleuve. Cette église, au temps d'Arculphe, était soutenue par des piliers au-dessus des eaux du Jourdain, qui y entraient de toutes parts. Elle occupe la partie basse de la vallée du fleuve; et dans la partie haute se trouve un grand monastère placé sur le plateau de la montagne, en face même de l'église. Près du monastère on voit aussi une autre église carrée, entourée par le mur du monastère et consacré à saint Jean-Baptiste.

Arculphe raconte que la couleur des eaux du Jourdain ressemble à un lac blanchâtre : aussi, une fois arrivé dans la mer Morte, on peut suivre sa trace assez loin, au rayonnement blanc de ses eaux.

Arculphe dit que, dans les gros temps, la mer Morte, en déferlant sur ses rivages, y dépose une énorme quantité de sel. Le soleil dessèche rapidement ce sel, et les riverains en tirent un grand profit. Notre pèlerin parcourut toute la côte de ce lac ; sa longueur, d'après lui, est de cinq cent quatre-vingts stades, jusqu'à Zaros, dans l'Arabie, et sa largeur de cinq cent cinquante jusqu'aux environs de Sodome.

Il visita également le pays de Phénicie, où le Jourdain paraît jaillir de la base du Liban, de deux sources rapprochées, l'une Jor, l'autre Dan, qui se réunissent un peu plus loin sous le nom de Jourdain ; puis il traverse le lac de Génézar —

Génézareth, — et, après avoir sillonné la vallée dont nous avons parlé plus haut, il va tomber dans le lac Asphaltite ou mer Morte.

MER DE GALILÉE OU LAC DE GÉNÉZARETH.

Arculphe visita ensuite la mer de Galilée, appelée aussi lac de Génézareth ou mer de Tibériade. Elle est entourée de grandes forêts. Cette mer a de longueur cent quarante stades, et quarante de largeur. On trouve ses eaux bonnes à boire, et toujours pures, car elles reposent sur un fond de sable. Aussi le poisson y est-il gros est savoureux plus qu'ailleurs.

Le saint évêque mit huit jours à faire le chemin qui sépare la sortie du Jourdain de la mer de Galilée de son embouchure dans la mer Morte. Il nous apprend qu'il contempla souvent cette mer salée du point culminant du mont des Oliviers.

SAMARIE, SICHEM, CAPHARNAUM.

Dans ses excursions à l'entour de la mer de Galilée, Arculphe vint à Sichem, appelée aussi Sichar. Là, hors des murs, il vénéra une église dont les quatre bras sont étendus vers les quatre points cardinaux, et forment une croix grecque.

A l'intérieur de cette église, exactement au centre, il vit la source ou Puits de Jacob, près duquel le Sauveur, fatigué de marcher, s'arrêta vers la sixième heure du jour. Une femme de Samarie vint alors y puiser de l'eau. En y trouvant Jésus, elle lui dit : « Le puits est profond, Seigneur, et vous n'avez rien pour prendre de l'eau. » Arculphe but de cette eau et mesura la profondeur du puits, qui se trouva de quarante coudées, laquelle coudée était alors de la longueur de deux mains.

Sichem, jadis ville sacerdotale et de refuge, appartenait à la tribu de Manassé, sur le mont Ephraïm : c'est à Sichem que reposent les ossements de Joseph.

Dans le désert, Arculphe vit une petite source très limpide couverte d'un toit de pierre. Ses bords sont usés par les pas des visiteurs. Saint Jean-Baptiste buvait à cette source, dit-on.

Nous savons par les évangélistes que le même saint Jean se nourrissait de sauterelles et de miel sauvage. Arculphe y vit en effet une espèce de sauterelles de la longueur d'un doigt, grêles et minces. Elles sont faciles à prendre, car leur vol n'égale que bien juste le saut d'une grenouille. Il est très facile de les prendre dans les herbes, et quand on les fait cuire avec de l'huile, elles servent d'aliment aux pauvres. Quant au miel sauvage, Arculphe raconte qu'il trouva dans le même désert des arbres dont les feuilles, rondes et larges, blanchâtres comme le lait, savoureuses comme le miel, une fois pétries dans le creux de la main, donnent une nourriture douce comme le miel.

Arculphe ne manqua pas de visiter le champ voisin du lac de Tibériade, qui forme une vaste plaine de gazon, et où le Sauveur nourrit un jour cinq mille hommes avec cinq pains et deux poissons. Jamais plus on n'a labouré cette plaine depuis cette époque : on n'y voit aucune construction, sauf quelques colonnes de pierre sur le bord de la source dont burent ces cinq mille hommes. Ce champ est au-delà de la mer de Galilée, en face de la mer de Tibériade, qui lui est opposée au midi.

Lorsqu'on descend de Jérusalem, pour aller à Capharnaüm, on doit prendre directement par Tibérias, suivre le lac de Génézareth, puis le champ des Cinq Pains dont nous venons de parler. Alors on rencontre le port de Capharnaüm, sur les limites des tribus de Zabulon et de Nephtali. Arculphe vit Capharnaüm du haut d'une montagne voisine : il dit que cette ville n'a pas de murs, qu'elle est resserrée entre la montagne et le lac, et qu'elle s'étend au loin, le long de la mer, de l'occident à l'orient, ayant la montagne au nord et le lac au midi.

NAZARETH.

Arculphe s'arrêta à Nazareth. Il dit que cette ville, comme Capharnaüm, est sans murailles, qu'elle est située sur une montagne et renferme de grands édifices de pierre, entre autres deux églises très vastes.

L'une de ces églises est au milieu de la ville. Elle est élevée sur deux voûtes, et fut construite au lieu même où fut nourri le Sauveur. Elle renferme dans sa partie souteraine une source limpide où tout le peuple vient puiser et d'où l'on fait monter de l'eau par des tuyaux dans l'église supérieure.

L'autre église est édifiée à l'endroit précis qu'occupait la maison dans laquelle l'archange Gabriel vint trouver Marie pour lui annoncer la naissance du Christ. C'est cette maison de la sainte Vierge qui fut enlevée par les Anges, et qui se trouve maintenant à Lorette, en Italie.

Tels sont les récits faits par le saint évêque Arculphe.

Il resta deux jours à Nazareth et il y passa deux nuits. Il lui devint impossible d'y demeurer plus longtemps, parce qu'il était pressé par un soldat du Christ, nommé Pierre, issu de Bourgogne, et menant une vie solitaire qu'il avait quittée pour l'accompagner dans ce voyage, mais à laquelle il revint.

DESCRIPTION DU SAINT-SÉPULCRE.

« Le Saint-Sépulcre, dit Deshayes (envoyé en 1621 en Palestine par Louis XIII), et a plupart des Saints-Lieux, sont servis par des religieux cordeliers qui y sont envoyés de trois ans en trois ans ; et encore qu'il y en ait de toutes les nations, ils passent néanmoins tous pour Français ou Vénitiens, et ne subsistent que parce qu'ils sont sous la protection du roi (de France). Il y a près de soixante ans qu'ils demeurent hors de la ville, sur le mont Sion, au même lieu où notre Seigneur fit la cène avec ses apôtres. Mais leur église ayant été convertie en mosquée, ils ont toujours demeuré depuis sur le mont Giou, où est leur couvent, que l'on appelle Saint-Sauveur. C'est là où leur gardien demeure avec le corps de la famille, qui pourvoit de religieux en tous les endroits de la Terre-Sainte où il est besoin qu'il y en ait.

» L'église du Saint-Sépulcre n'est éloignée de ce couvent que de deux cents pas. Elle comprend le Saint-Sépulcre, le Calvaire et plusieurs autres lieux saints. Ce fut sainte Hélène qui en fit bâtir une partie pour couvrir le Saint-Sépulcre ; mais les princes chrétiens qui vinrent après, la firent augmenter pour y comprendre le Calvaire, qui n'est qu'à cinquante pas du Saint-Sépulcre.

» Anciennement le mont Calvaire était hors de

la ville, c'était le lieu où l'on exécutait les crimi-
nels condamnés à mort; et afin que tout le peuple
pût y assister, il y avait une grande place entre
le mont et la muraille de la ville. Le reste du mont
était environné de jardins, dont l'un appartenait
à Joseph d'Arimathie, disciple secret de Jésus-
Christ, et où il avait fait faire un sépulcre pour
lui, dans lequel fut mis le corps de notre Seigneur
Jésus-Christ. La coutume parmi les Juifs n'était
pas d'enterrer les morts comme nous faisons en
chrétienté. Chacun, selon ses moyens, faisait pra-
tiquer dans quelque roche une sorte de petit cabinet où l'on mettait les morts, que l'on étendait
sur une table du rocher même; et puis l'on re-
fermait ce lieu avec une pierre que l'on mettait
devant la porte, qui n'avait ordinairement que
quatre pieds de haut.

» L'église du Saint-Sépulcre est très irrégulière,
car l'on s'est assujéti aux lieux que l'on voulait
enfermer dedans. Elle est à peu près faite en croix,
ayant six-vingts pas de long sans compter la descente de l'invention de la sainte Croix, et soixante-
dix de large. Il y a trois dômes, dont celui qui
couvre le Saint-Sépulcre sert de nef à l'église.

» Il a trente pas de diamètre et est ouvert par en
haut comme la rotonde de Rome. Il est vrai qu'il
n'y a point de voûte; la couverture en est soutenue seulement par de grands chevrons de cèdre
qui ont été apportés du mont Liban.

» L'on entrait autrefois dans cette église par
trois portes; mais aujourd'hui il n'y en a plus

qu'une, dont les Turcs gardent soigneusement la clef, de crainte que les pèlerins n'y entrent sans payer neuf sequins ou trente-six livres, à quoi ils sont taxés; j'entends ceux qui viennent de chrétienté, car pour les sujets du Grand-Seigneur, ils n'ont que motié à payer. Cette porte est toujours fermée, il n'y a qu'une petite fenêtre traversée d'un barreau de fer, par où ceux du dehors donnent des vivres à ceux du dedans, lesquels sont de huit nations différentes.

» La première est celle des Latins ou Romains, qui représentent les religieux cordeliers. Ils gardent le Saint-Sépulcre, le lieu du mont Calvaire où notre Seigneur fut attaché à la croix, l'endroit où la sainte Croix fut trouvée, la pierre de l'onction et la chapelle où notre Seigneur apparut à la Vierge après sa résurrection.

» La seconde nation est celle des Grecs, qui ont le chœur de l'église, où ils officient, au milieu duquel il y a un petit cercle de marbre, dont ils estiment que le centre est le milieu de la terre.

» La troisième nation est celle des Abyssins : ils tiennent la chapelle où est la colonne d'*improperre*.

» La quatrième nation est celle des Coptes, qui sont les chrétiens d'Egypte : ils ont un petit oratoire près le Saint-Sépulcre.

» La cinquième nation est celle des Arméniens : ils ont la chapelle de Sainte-Hélène et celle où les habits de notre Seigneur furent partagés et joués.

» La sixième nation est celle des Nestoriens ou Jacobites, qui sont venus de Chaldée ou de Syrie : ils ont une petite chapelle proche le lieu où notre Seigneur apparut à la Madeleine, en forme de jardinier, qui pour cela est appelé le jardin de la Madeleine.

» La septième nation est celle de Géorgiens qui habitent entre la mer Majeure et la mer Caspienne : ils tiennent le lieu du mont Calvaire où fut dressée la croix, et la prison où demeura notre Seigneur, en attendant qu'on eût fait le trou pour la placer.

» La huitième nation est celle des Maronites, qui habitent le mont Liban : ils reconnaissent le Pape comme nous faisons.

» Chaque nation, outre ces lieux que tous ceux qui sont dedans peuvent visiter, a encore quelques endroits particuliers dans les voûtes et dans les coins de cette église, qui lui sert de retraite et où elle fait l'office selon son usage, car les prêtres et religieux qui y entrent demeurent d'ordinaire deux mois sans en sortir, jusqu'à ce que, du couvent qu'ils ont dans la ville l'on y envoie d'autres pour servir en leur place. Il serait malaisé d'y rester longtemps sans y être malade, parce qu'il y a fort peu d'air, et que les voûtes et les murailles rendent une fraîcheur assez malsaine; néanmoins nous y trouvâmes un bon ermite qui a pris l'habit de saint François, qui y a demeuré vingt ans sans en sortir; encore qu'il y ait tellement à travailler pour entretenir deux cents lampes et pour nettoyer et parer tous les lieux saints, qu'il ne saurait reposer plus de quatre heures par jour.

» En entrant dans l'église on rencontrait la pierre de l'Onction, sur laquelle le corps de notre Seigneur fut oint de myrrhe et d'aloës, avant que d'être mis dans le sépulcre. Quelques-uns disent qu'elle est du même rocher du mont Calvaire, et les autres tiennent qu'elle fut apportée dans ce lieu par Joseph et Nicodème, disciples secrets de Jésus-Christ, qui lui rendirent ce bon office, et qu'elle tire sur le vert; quoi qu'il en soit, à cause de l'indiscrétion de quelques pèlerins qui la rompaient, l'on a été contraint de la couvrir de marbre blanc et de l'entourer d'un petit balustre en fer, de peur que l'on ne marche dessus. Elle a huit pieds moins trois pouces de long, et deux pieds moins un pouce de large; et au-dessus, il y a huit lampes qui brûlent continuellement.

» Le Saint-Sépulcre est à trente pas de cette pierre, et justement au milieu du grand dôme dont j'ai parlé : c'est comme un petit cabinet qui a été creusé et préparé dans le rocher, à la pointe du ciseau. La porte qui regarde l'orient n'a que quatre pieds de haut et deux et un quart de large : de sorte qu'il se faut grandement baisser pour y entrer. Le dedans du Sépulcre est presque carré. Il a six pieds moins un pouce de long, et six pieds moins deux pouces de large, et depuis le bas jusqu'à la voûte, huit pieds et un pouce. Il y a une table solide de la même pierre qui fut laissce en creusant le reste; elle a deux pieds quatre pouces et demi de haut, et contient la moitié du Sépulcre, car elle a six pieds moins un pouce de long et deux pieds deux tiers et demi de large.

» Ce fut sur cette table que le corps de notre Seigneur fut mis, ayant la tête vers l'occident et les pieds vers l'orient; mais à cause de la superstitieuse dévotion des orientaux, qui croient qu'ayant laissé leurs cheveux sur cette pierre, Dieu ne les abandonnerait jamais, et aussi parce que les pèlerins en rompaient les morceaux, l'on a été contraint de la couvrir de marbre blanc sur lequel on célèbre aujourd'hui la messe : il y a continuellement quarante-quatre lampes qui brûlent dans ce saint lieu : et afin d'en faire exhaler la fumée on a fait trois trous dans la voûte. Le dehors du Sépulcre est aussi revêtu de marbre et de plusieurs colonnes avec un dôme au-dessus.

» A l'entrée de la porte du Sépulcre, il y a une pierre d'un pied et demi en carré, et relevée d'un pied, qui est du même roc, laquelle servait pour appuyer la grosse pierre qui touchait la porte du Sépulcre : c'était sur cette pierre qu'était l'ange lorsqu'il parla aux Maries : et, tant à cause de ce mystère, que pour ne pas entrer d'abord dans le Saint-Sépulcre, les premiers chrétiens firent une petite chapelle au-devant, qui est appelée la chapelle de l'Ange. »

VOYAGES

DANS LES

TROIS PARTIES DU MONDE

1322 – 1355.

JEAN DE MANDEVILLE.

Jean de Mandeville, gentilhomme anglais, originaire de Normandie, employa trente-trois ans, depuis 1322 jusqu'en 1355, à parcourir les trois parties du monde alors connues. On sait qu'à son retour il écrivit ses *Relations* en même temps en anglais, en français et en latin, et qu'il les dédia à Edouard III, qu'il qualifie roi de France et d'Angleterre. Il mourut à Liége en 1372.

Ses voyages furent dans leur temps estimés e recherchés, et ils méritent infiniment plus de crédit que tout ce que nous rapporte Solin, puisque l'un nous rapporte ce qu'il a vu, et l'autre n'a écrit que d'après des traditions fort incertaines et souvent suspectes. Dès la fin du XVe siècle, les voyages de Mandeville étaient imprimés séparément en latin, en italien, en flamand et en espagnol. Ils furent ensuite insérés dans les grands recueils de voyages de Ramuzio, en italien, et de Purchas, en anglais. Nous en avons seulement des extraits dans les recueils de nos anciens voyages.

Les traits singuliers qui s'y rencontrent, et dont nous allons citer quelques exemples, ont dû fixer l'attention des lecteurs des xive et xve siècles, qui n'auraient osé révoquer en doute un fait attesté par un voyageur témoin oculaire, quelque invraisemblable qu'il fût.

Mandeville dit qu'il a vu, dans une ville de Thrace, Stagyre sans doute, le tombeau d'Aristote, qui est en forme d'autel. Il assure que, chaque année, les chrétiens du rit grec célèbrent la fête de ce philosophe, comme celle d'un saint.

Toutes les fois qu'ils se croient menacés de quelque grand danger, ils se rassemblent autour de ce tombeau, et comptent qu'ils recevront des inspirations favorables des cendres de ce grand homme.

Ce voyageur, ayant dessein de visiter la Syrie, la Palestine, l'Egypte et une partie de l'Arabie, eut l'adresse et le bonheur d'obtenir un firman du soudan. Muni de cette pièce, il était sûr de voyager avec agrément, et sans courir le risque d'être pillé par les Arabes. L'ordre portait expressément de bien recevoir Mandeville et ses compagnons, de leur fournir toutes les choses nécessaires à la vie, de les conduire d'une ville à une autre et de montrer tout ce qu'il y avait de curieux, sans exiger aucune rétribution.

Tous les émirs, scheiks et officiers mahométans à qui ce passeport était présenté, posaient l'écrit sur leur tête, le baisaient respectueusement, et le lui rendaient, après avoir comblé d'honneurs et de présents le protégé de leur maître.

Mandeville visita donc la Terre-Sainte, et pénétra sans difficulté dans des lieux où l'on ne permettait aux chrétiens ni aux juifs d'approcher; entre autres dans le temple de Salomon, ou, pour parler plus juste, dans l'édifice bâti sur l'emplacement où le temple était autrefois élevé : car Mandeville n'ignorait pas que le temple de Jérusalem avait été ruiné plusieurs fois, et la dernière lors de la prise de cette ville par Titus ; que l'empereur Adrien avait fait construire sur cette place un temple dédié à Jupiter, et que c'est de ce même temple que les chrétiens, sous le règne de Constantin, avaient fait une église qui a été ensuite transformée en mosquée.

Après avoir visité ce qu'il y avait de plus curieux en Palestine, Mandeville tourna ses pas du côté de l'Egypte; en y allant il s'arrêta au mont Sinaï. Il y a là, dit-il, une nombreuse communauté de moines chrétiens, moitié Arabes, moitié Grecs, tous craignant également Dieu, et ayant une grande vénération pour le chef de sainte Catherine, qu'ils conservent dans leur monastère comme une précieuse relique.

Ce qui frappe davantage dans les voyages de Mandeville, c'est la conversation qu'il rapporte avoir eue avec le soudan d'Egypte.

Ce prince musulman fit un jour appeler le voyageur dans sa tente, et ayant fait retirer tout le monde, il lui demanda comment les affaires al-

.aient en Europe, et particulièrement en Angleterre. Mandeville lui répondit en deux mots que tout y allait bien.

— Cela n'est pas vrai, répliqua le soudan ; ou vous me trompez, ou je suis mieux informé que vous.

Il lui exposa alors les désordres et les dissensions qui désolaient l'Europe, et il ajouta :

— Vous devez être fâché de tout cela, mais pour moi j'en suis aise ; car, tant que tous ces troubles dureront, je n'ai pas peur que les chrétiens pensent à reconquérir les pays que nous possédons et les Lieux-Saints d'où nous les avons chassés.

Mandeville ne put cacher au soudan l'étonnement où il était de le voir si bien instruit.

— J'ai des renseignements sûrs, répliqua le Sarrasin, pour savoir ce qui se passe chez vous, et je ne risque rien de te les dire, car tu ne peux y mettre obstacle. J'envoie un certain nombre de mes sujets en Europe, sous prétexte d'y vendre des marchandises et des productions du Levant. Mais, tout en faisant leur commerce, ils s'informent exactement de ce qui se passe, et m'en rendent fidèlement compte. Si tu en doutes, tu vas en juger par toi-même.

Alors le soudan fit appeler trois ou quatre Sarrasins, qui lui donnèrent un détail très circonstancié de tout ce qui venait d'avoir lieu dans les divers pays d'où ils rentraient. Ce qui étonna le plus Mandeville, c'est qu'ils parlaient un très bon français, et que le soudan leur répondait dans la même langue.

Dans la seconde partie de ses voyages, Mandeville décrit ce qu'il a vu en Ethiopie, dans les Indes et dans la grande Tartarie.

Il avance comme un fait incontestable que l'apôtre saint Thomas a prêché la foi chrétienne aux Indes, et qu'il a autrefois soumis tout ce pays au christianisme; mais qu'après sa mort l'idolâtrie a repris le dessus, si bien qu'on a converti en un temple d'idoles l'église même où avait été déposé le corps du saint apôtre. Marco Polo, dans les relations de ses voyages, nous avait appris ce fait antérieurement, ce qui témoigne de la véracité de ses récits.

En parlant de l'île de Java, Mandeville dit que les naturels aiment à manger de la chair humaine; qu'on y vend de petits enfants au marché, comme chez nous les poulets ou les cochons de lait; et que, quand ils ne sont pas assez gras, on les nourrit et on les empâte dans des mues, jusqu'à ce qu'ils soient bons à rôtir et à mettre sur la table.

Il fait le récit le plus pompeux des richesses et de la puissance du grand Khan, qui réside, dit-il, dans la ville de Cambalu. Celui de ces empereurs que vit Mandeville était arrière-petit-fils de Gengis-Khan, qui vivait cent ans avant que cet Anglais pénétrât dans la grande Tartarie. Le voyageur s'engagea dans les troupes de ce souverain tartare, et suivit son armée pendant quinze mois pour se mettre au fait des mœurs et des usages du pays et de la nation.

En revenant en Europe, Mandeville passa par une partie des Indes et de la Tartarie, où régnait le fameux prêtre Jean.

Il parle du prince qui portait encore, au XIVe siècle, ce titre qui a été si célèbre dans le monde. Il fait remonter son origine jusqu'à Ogier-le-Danois. Il assure qu'on se souvient encore, dans une partie de l'Inde septentrionale, des conquêtes de ce paladin de la cour de Charlemagne, dont nous regardons l'histoire comme romanesque et fabuleuse. Il dit qu'il est certain qu'Ogier a pénétré jusque dans ces pays si éloignés de l'Europe ; qu'il y mena avec lui quinze barons de ses parents, entre lesquels il partagea toutes ses conquêtes ; qu'il établit sur eux, et pour leur seigneur suzerain, un d'entre eux qui était très pieux et qui se nommait Jean. Ayant converti à la foi chrétienne tous les habitants des pays de sa domination, il fut appelé, à cause de cela, le *prêtre Jean ;* et ses descendants et successeurs ayant continué à se faire appeler ainsi, ce nom est devenu un titre de dignité.

Telle est, selon Mandeville, l'origine du prêtre Jean, qui fait, dit-il, sa résidence ordinaire dans une ville que l'on nomme Nise.

VOYAGE

DANS LES

INDES ORIENTALES

1498 - 1503.

VASCO DA GAMA.

En 1484, des navigateurs portugais, sous le commandement de Souza, avaient poussé jusqu'au Zaïre, et trouvé le royaume de Congo, que traverse ce grand fleuve. Mais le roi de Portugal, Jean II, étendait ses vues plus loin, et faisait reconnaître les voies pour aller le plus directement aux Indes asiatiques.

Pierre de Cavilham et Alfonso Païra, s'embarquant par ses ordres sur la mer Rouge, pénétraient, le premier jusqu'à la côte du Malabar; le second, en Abyssinie, que l'on confondait alors, tant étaient confuses les notions en géographie, avec une contrée de l'Asie, sous le nom d'empire du Prêtre-Jean.

Disons, une fois pour toutes, que ce Prêtre-Jean ou Prête-Jean, nom souvent répété au moyen-âge, n'a qu'une étymologie fort incertaine, et que, sous cette dénomination, on désignait au xiie et xiiie siècles certains rois de l'Inde, ou plutôt de la Tartarie ou du Cathay (Chine), qui, selon les uns, professaient le christianisme et suivaient le rit nestorien, et, selon d'autres, étaient idolâtres. On a cru aussi que ce Prêtre-Jean était le même que le Grand-Negus ou souverain de l'Abyssinie, qui était chrétien. Mais cette opinion est fausse. Il est à croire que ce Prêtre-Jean n'était autre que le Dalaï-Lama, ce grand pontife du douddhisme, résidant à Poutala, près de H'Lassa, dans le Thibet.

Donc, dans la pensée de trouver un chemin plus bref pour atteindre les Indes, Jean II de Portugal fit travailler à l'armement d'une flotte dont il voulait confier la direction à un habile navigateur.

Ce hardi navigateur devrait être Vasco da Gama.

Vasco da Gama, comte de Vidigueyra, était né au port de Sinis, en Portugal, vers 1450. Homme de mer avant tout, d'un caractère énergique et ferme, audacieux, entreprenant, avide de découvrir et de voir, da Gama devait terminer l'œuvre commencée par Bartholomeo Dias, qui avait annoncé l'existence du cap de Bonne-Espérance, et découvrir et confirmer le passage des navires au pied de ce cap.

Mais, pendant qu'on équipait les vaisseaux, Jean II succombant à la maladie de langueur qui le consumait, ne laissa pas d'héritier direct. Par fortune, dom Emmanuel, qui lui succéda, fut en tout digne d'occuper son trône. Ce fut lui qui eut l'honneur d'exécuter ce que son prédécesseur n'avait que projeté, et, sous son règne, dans le mois de juillet 1497, Vasco da Gama mit à la voile.

Il partit de Sinis, sa patrie, et port de l'Alem-tejo, aujourd'hui tombé dans l'oubli.

Bartholomeo Dias était revenu depuis dix ans, sans réputation, des parages où son heureux rival allait conquérir l'une des plus belles réputations que l'on ait jamais méritées.

L'histoire doit remarquer que de telles expéditions étaient réputées si dangereuses qu'on les composait en général de malfaiteurs dont la perte eût été considérée comme un juste châtiment infligé par la puissance divine, tandis que le commandement en était donné à des héros de la plus forte trempe, réputés capables de dompter, par une même fermeté, les déchaînements des passions humaines et des éléments.

Vasco da Gama, dit M. Bory de Saint-Vincent, de l'Académie des sciences, dont nous analysons le travail, avec trois navires, cinglant d'abord vers le sud, laissa dans l'est le peu que l'on connaissait des bords africains, et, vers le couchant, ces îles de l'Océan où l'on doit rechercher l'antique Atlantide de Platon. Il ne fit la reconnaissance d'aucune d'elles, bien que Madère et les Canaries fussent déjà fréquentées.

Le poète Camoëns, qui célébra les exploits de Vasco da Gama, dans l'admirable épopée *les Lu-*

siades, fait en ces termes raconter par son héros même le début de son périlleux voyage :

« Nous voguions, dit Gama au roi de Mélinde, nous voguions vers ces mers inconnues, qu'aucun navigateur n'avait encore sillonnées. De riantes îles en décorent l'entrée. Sur la gauche apparaissent les montagnes et les cités de l'ancien royaume de Antée. Sur la droite, les flots vont se confondre avec l'horizon, ou baigner peut-être un autre univers.... »

Le continent américain était pourtant déjà connu quand le poète portugais ne faisait, dans ses stances brillantes, qu'en indiquer l'existence possible. Ce n'est point que par une tournure dubitative il prétendît amoindrir la gloire de l'immortel Génois pour concentrer plus de gloire sur son illustre compatriote; mais le Camoëns était narrateur fidèle autant qu'harmonieux versificateur. Gama, parti en 1497, n'en pouvait savoir plus que Christophe Colomb lui-même, qui, en 1492 et 1493, n'ayant rencontré que certaines Antilles, ne connaissait point encore un continent sur lequel il ne devait aborder qu'en 1498 seulement.

Cependant des parages du Cap-Vert, les navires de Gama mirent le cap directement au sud-est, et s'élancèrent dans la mer sans extrémités, par une sorte de miracle dont je demeure comme ébahi, ajoute M. de Saint-Vincent. Ils ne furent point, dans cette funeste direction, pris par des calmes plus à craindre que les tempêtes, et dont

les régions intertropicales sont habituellement
affligées aux approches de la ligne. Je les éprou-
vai moi-même, ces calmes, au point peut-être où
Gama coupa la ligne : associé par l'imagination à
son héroïque entreprise, je me surprenais frémis-
sant pour lui du genre de danger auquel sa fortune l'avait soustrait, et, suspendu sur le beau-
pré, dans le filet où se recueillent les focs lorsque les voiles deviennent inutiles, je me deman-
dais, tandis que l'atmosphère ardente et la mer
plombée semblaient stagnantes autour de nous,
comment des équipages et des embarcations aussi
mal montés que devaient l'être celles où se hasar-
daient les grands navigateurs du XVe siècle, n'a-
vaient point été détruits au milieu de ce sinistre
repos des choses qui est le plus agité de la nature, lorsque les marins de nos vaisseaux, hygié-
niquement approvisionnés, succombaient à la
brûlante inaction.

Les vents favorables n'ayant jamais manqué
aux Portugais en cette occasion suprême, ils arrivèrent au commencement de novembre dans une
vaste baie qu'ils dédièrent à sainte Hélène, bien-
heureuse dont le nom se trouvait sur le calen-
drier le jour où ils y jetaient l'ancre.

Rien, dans aucune langue, n'est certainement
plus beau que la manière dont le Camoëns, chan-
tre de celui qui venait braver le géant des orages,
décrit les approches de ces terres nouvelles pour
les Européens :

« L'inculte raison du nautonier borné aux

pratiques de son art, s'abandonne aux rapports, souvent trompeurs, de ses sens grossiers. Pour lui, tout est prodige. Il n'appartient qu'au génie éclairé par le savoir d'apprécier d'un coup d'œil les accidents variés de ce mystérieux univers. Je vis des lueurs brillantes scintiller du sein des tempêtes, et des cercles lumineux environner nos mâts, heureux présage d'un calme prochain. Les matelots, battus par les vents furieux, les prirent pour la manifestation de secourables génies, chargés par Dieu de ramener la paix des mers.... J'ai vu..... Non, mes yeux n'ont pas été trompés, et cette fois j'ai partagé la commune épouvante, j'ai vu se former sur nos têtes, un sombre nuage qui, par un large tube, aspirait les vagues émues de l'Océan profond... »

La peinture que fait alors le Camoëns des trombes marines l'emporte en magnificence sur tout ce que je connais en fait de style descriptif, et n'en est pas moins rigoureusement exact. Le physicien le plus attentif à ne rien omettre dans sa description ne saurait s'exprimer d'une manière plusscientifique.

Pendant sa relâche à la baie de Sainte-Hélène, Vasco da Gama eut la première occasion, depuis son départ, de voir les naturels de l'Afrique australe. Ce furent probablement de stupides Hottentots à qui il eut affaire. Plusieurs des hommes de l'équipage, étant descendus à terre, en surprirent un, « tandis qu'il ravissait à l'abeille ses doux trésors. » Effrayé d'abord à l'aspect de ceux qui l'entraînaient, le barbare ne tarda pas à se rassurer quand on eut fait sonner des grelots à son oreille, et que des grains de verroterie, avec un bonnet de laine rouge, eurent frappé ses regards éblouis. Des gestes animés exprimèrent bientôt la surprise et la joie qu'il éprouvait en voyant ces objets inconnus; et ces objets de vil prix, ayant été mis dans ses mains, lui furent donnés avec la liberté.

« Dès l'aube du jour suivant, d'autres sauvages, noirs et nus comme lui, descendirent de leurs montagnes et vinrent demander leur part des mêmes richesses. La coiffure empourprée surtout excite en eux des transports d'allégresse; ils en couronnent avec transport leur front d'ébène. » Velozo, l'un des principaux Portugais, se fiant aux caresses des nègres qu'on avait espéré apprivoiser par des largesses, s'étant imprudemment enfoncé dans le pays, « à travers les bruyères, et sans autre bouclier que sa valeur, » ajoute le Camoëns, faillit être victime de sa présomptueuse confiance et ne dut son salut qu'à l'arrivée imprévue de plusieurs de ses compagnons qui, l'ayant suivi à la trace, arrivèrent à l'instant où l'on s'était jeté sur lui pour le dépouiller. L'extremité méridionale de l'Afrique est caractérisée par la multitude des bruyères qui en font l'ornement; et les citer dans un paysage des environs du Cap est un coup de pinceau de maître.

Le 16 du mois où elle y était arrivée, l'expédition de Vasco da Gama quitta la baie hospitalière, et, deux jours après, elle doublait ce promontoire fameux qui, pour être le point culminant du voyage, n'en était pas néanmoins le terme. Les matelots, songeant qu'il pouvait n'en pas être même la moitié, commencèrent à murmurer, et l'amiral se trouva dans la position difficile de Colomb, lorsque celui-ci, touchant pour ainsi dire aux Lucayes, fut au moment d'être jeté à l'eau par son équipage mutiné.

Après le cap de Bonne-Espérance, il fallait encore doubler celui des Aiguilles, au pourtour duquel j'ai trouvé la mer si dure, ajoute M. Bory de Saint-Vincent. Elle ne le fut pas moins alors pour les Portugais, qui voulurent encore rebrousser chemin, mais que leur chef parvint encore à contenir. Une révolte de bord, avec le déchaînement des fureurs de ces hommes perdus qu'on avait donnés à Gama pour partager ses dangers, réprimée par l'impassible héros, résolu de mourir plutôt que de renoncer aux contrées d'aromates, d'or et de pierres précieuses qu'il rêvait au terme de sa course, eût pu fournir au poète qui divinisa ses exploits un épisode digne de ses pinceaux. Cependant le Camoëns n'en parle pas.

Il est singulier que les Portugais, qui tournèrent alors l'extrémité de l'Afrique, n'aient point, dès cette époque, signalé les deux montagnes qui singularisent Bonne-Espérance. La forme tronquée de la première, qui est celle d'une table, et la forme de l'autre, qui rappelle la croupe du lion, sont des curiosités qu'on remarqua beaucoup plus tard.

Cependant Gama se trouvait rendu à l'endroit même où Barthélemy Dias n'avait pas osé passer outre. Il avait, à partir du Cap, gouverné à l'orient; mais, d'ici, atteignant les limites de la Cafrerie, il tourna le taille-mer au nord-est pour longer la côte de Natal, l'une des plus austères qu'on puisse se figurer, mais dans l'étendue de laquelle les Anglais n'en ont pas moins, à la sourdine, établi un comptoir. Tantôt poussé par les ouragans, tantôt retenu par des calmes, d'autres fois obligé de lutter contre des courants, ou de s'y abandonner, mais toujours plus fort que les obstacles, et toujours encouragé par la grandeur même des périls, Gama parvint, le jour de l'Epiphanie, à l'embouchure d'un grand cours d'eau, où il mouilla, et qu'il appela fleuve des Rois. Il y fit reposer ses gens, que le scorbut rongeait. La terre leur prodigua des fruits et des plantes salutaires : mais les hommes qu'on rencontra, parlant un langage étrange, étaient pour les voyageurs comme un peuple muet dont on ne peut tirer aucun renseignement, et Gama, parcourant, à travers des périls sans cesse renaissants, de larges rivages, demandait à tous des nouvelles de l'Asie, des nouvelles de l'Inde, et n'en recevait jamais.

C'est à Sofala, où des vents favorables le conduisirent enfin, qu'au-dessus du découragement, mais fatigué lui-même et souffrant, il se sentit comme retrempé, en imaginant avoir retrouvé l'antique Ophir.

Il n'avait, depuis Sinis, rencontré que des espèces de brutes à figure noire, avec qui nul parmi
les siens n'avait pu s'entendre. A Sofala, au contraire, il trouvait des hommes à demi civilisés,
chez qui les vaisseaux de la Mecque employés au
commerce de l'orient, avaient une station, et
même avaient porté des nations de nos climats
septentrionaux. Ce fut une grande surprise. La
plupart entendaient l'arabe, et cette langue, qui,
dans leur péninsule et sur les côtes barbaresques,
où les Portugais portaient habituellement la guerre,
était celle de leurs intimes ennemis, devint leur
consolatrice sur des bords où ils l'entendaient
après n'avoir si longtemps pu s'exprimer que par
signes.

Dans les premiers jours de mars 1598, la flotte
toucha à Mozambique, d'où se dirigeant droit au
nord, elle longea jusqu'à Monbaze la côte de
Zanguebar, contrée encore peu connue, que ne
fréquentent guère les Européens, où les Portugais
conservent seulement quelques pauvres comptoirs
dans les parties du sud, et dont l'étendue septentrionale, depuis l'île Montfia, au midi de la ligne,
jusqu'à Magadhaso, par un degré nord, est sous
la domination de l'iman de Mascate, prince de
l'Arabie.

La côte de Zanguebar a cependant d'assez bons
ports, et produit beaucoup d'ivoire et de poudre
d'or. Les Maures y étaient nombreux et jouis-
saient sur les princes du pays d'une grande influence. Ils reconnurent aussitôt dans les com-

pagnons de Gama les pareils de ceux qui, vers
une autre extrémité de l'Afrique, faisaient à leurs
pères une guerre à outrance, et dès-lors toute
leur astuce fut employée à leur susciter des em-
barras. Ainsi, les habitants de chaque pays avec
lesquels se pouvaient entendre les nouveaux venus accueillaient d'abord ceux-ci avec des dé-
monstrations de cordialité; mais ils ne tardaient
point, excités par les Maures, à leur tendre des
embûches où toute la sagacité de Gama fut nécessaire pour qu'aucun n'y tombât. Ce fut seulement
à Mélinde, par le troisième degré sud, que purent
se nouer quelques relations moins incertaines
avec les habitants d'une ville florissante, par le
trafic avantageux qu'on y faisait des objets indigènes d'échange avec la mer Rouge et l'Hindous-
tan.

Depuis longtemps la boussole y était connue.
Des Mélindais avient été jusqu'à Ceylan, et même
aux îles de la Sonde : néanmoins c'était principalement avec le Malabar qu'ils étaient en relation.
Leur roi reçut les Portugais avec distinction; il
leur prodigua des fêtes. « Toutefois les délices
de ces lieux ne pouvaient captiver Gama : une
vaste mer lui restait à franchir, et des vents pro-
pices l'invitaient au départ. » On lui fournit un
pilote habile, avec qui, par le moyen de l'arabe
qu'il parlait, ainsi que plusieurs Portugais, il fut
facile de s'entendre. On a prétendu que l'Europe
était connue de ce pilote; si le fait n'est pas con-

trouvé, il peut rendre raison de l'attachement qu'il ne cessa de porter à l'amiral.

La flotte se jeta donc avec confiance dans l'océan Indien, à travers ce que plusieurs cartes désignent sous le nom de Golfe d'Oman. En gouvernant au nord-est, elle dut passer entre les Laquedives et les Maldives pour gagner Calicut, où elle arriva heureusement dans la journée du 20 mai.

INDES ET CALICUT.

Les naturels de Calicut, d'après la relation de Vasco da Gama, ont le teint basané, la barbe noire et grande, les cheveux longs. On en voit cependant dont les cheveux sont coupés court, et quelques autres dont la tête est rasée, mais qui conservent au sommet un toupet assez grotesque. D'énormes pendants d'oreilles accompagnent leurs visages. Ils sont nus par le haut, mais leurs jambes sont voilées par des étoffes de coton très légères. Les femmes sont loin d'être belles ; en outre elles sont fort petites. Elles amoncellent les joyaux d'or sur leur poitrine : leurs bras sont surchargés de bracelets et les doigts de leurs pieds sont eux-mêmes garnis d'anneaux dans lesquels sont sorties des pierres de grand prix. Le peuple y semble affable, du reste, mais en même temps il paraît fort avide.

Lorsque Vasco da Gama débarquait à Calicut,

on lui apprit que le souverain, qui porte le nom de samorin ou zamorin, était en voyage à quinze lieues de la ville. On lui dépêcha deux hommes pour lui annoncer qu'un ambassadeur du roi de Portugal l'attendait, et qu'il était chargé de lui remettre des lettres du prince. Ils annoncèrent en même temps au zamorin que cet ambassadeur allait venir le trouver. Le prince indien offrit de belles étoffes aux deux envoyés, et leur dit de retourner et de dire à leur maître qu'il allait revenir à Calicut.

En effet, il se mit immédiatement en route, suivi d'un nombreux cortége : mais en même temps il envoya un pilote afin de diriger les navires portugais en un lieu nommé *Pandarany*, où il y avait un bon port. Lorsque la flotte s'y fut assise sur ses ancres, survint un message du zamorin annonçant son arrivée à Calicut.

Or, il se présenta devant Vasco da Gama, à Pandarany, un *baile* remplissant les fonctions d'alcaïde, suivi de deux cents hommes armés de targes et d'épées, pour lui indiquer le séjour du zamorin. Mais comme le chef de l'expédition redoutait quelque piége, à cause des nombreux Maures qui résidaient dans la contrée, il refusa de s'y rendre, et le lundi 28 du même mois de mai, il alla visiter le souverain, avec une suite de treize hommes seulement, à l'improviste, mais non sans une belle tenue, dans des barqu_s armées de bombardes, avec grandes sonneries de fanfares, et bannière livrées au vent. Les Portugais furent parfaitement accueillis ; alors on présenta à l'amiral des litières portées à dos d'hommes. Gama s'y plaça, et, son monde le suivant, on se rendit à Capua, dans la résidence d'un riche indigène, où on offrit aux Portugais du riz cuit dans du beurre et d'excellent poisson. On s'embarqua ensuite sur un fleuve qui longe la côte, dans des barques attachées l'une à l'autre. Enfin, après deux lieues, quand on débarqua, le chef de l'expédition remonta dans sa litière, et ses gens suivirent avec la foule des curieux, et notamment des femmes et des enfants, qui les conduisit à une sorte de temple, où ils virent ce qui suit.

Dabord, cet édifice est de l'apparence et de l'étendue d'un monastère, construit tout en belles pierres de taille, et à la porte principale se trouvait une sorte de colonne de bronze haute comme un mât de vaisseau, surmontée d'un oiseau qui avait l'apparence d'un coq. On voyait aussi un autre pilastre de la hauteur d'un homme, et, au centre de l'édifice, une flèche droite, de même matière toujours. La porte était de bronze également, et en avant se présentait un large perron en pierre pour y monter. A l'intérieur apparaissait alors, le long de la porte principale, une enfilade de sept petites cloches, puis plus loin une sorte de peinture qui avait la ressemblance de Notre-Dame, mais c'était l'image de la divinité hindoue *Maha-Mudja*. Trompé par cette similitude, l'amiral se prit à réciter ses oraisons devant l'image, aussi bien que ses suivants : mais ni l'un ni les autres n'entrèrent dans la chapelle de cette idole, et

tendu que cette faveur est réservée aux seuls cafis. Les *cafis* sont des prêtres de ce temple : leur
épaule gauche est chargée de cordons qui vont se
rattacher au bras droit. Ces ministres jetèrent aux
Portugais une eau lustrale et leur présentèrent
d'une craie blanche dont ils devaient se marquer,
ce qu'ils promirent de faire plus tard. Nos navigateurs virent beaucoup d'autres images peintes
sur les autres murailles, et des diadèmes en décoraient les fronts. Mais ce qui parut étrange aux
Portugais ce fut de voir les dents sortir de la
bouche de ces peintures, et quelques-unes avaient
même jusqu'à quatre et cinq bras.

Le cortége quitta ce lieu bientôt, lequel n'était
autre qu'une pagode; mais, à l'entrée de la ville
de Calicut, la même foule les dirigea vers un autre édifice, où ils eurent semblable spectacle,
mais l'affluence des indigènes devint telle, en peu
de temps, qu'il n'était plus possible d'avancer,
et qu'on dut faire entrer l'amiral dans une maison particulière, avec son monde. Là, vint prendre les Portugais un frère du baile, amenant avec
lui quantité de tambours, d'anafiles et de chalé-
mies, sortes de hautbois et flûtes du pays. Un
Indien était en tête, tirant d'une espèce d'arque-
buse afin de rendre plus solennelle la réception
que le zamorin voulait faire aux étrangers. La
foule augmentait toujours, et les terrasses des
maisons étaient couvertes d'une infinité de curieux
aux costumes les plus bigarrés. Enfin, lorsque
l'on fut arrivé au palais, de nombreux seigneurs

vinrent au-devant des Portugais. Aussitôt Vasco da Gama et les siens franchirent la porte de la demeure du prince, mais avec peine, car il fallut bâtonner beaucoup de naturels trop empressés à serrer de près les étrangers.

Au moment de passer le seuil, un vieillard, court de taille, sorte de personnage que la relation compare à un évêque, chargé qu'il est des affaires de la religion du pays, vint à l'amiral et l'embrassa, dans ce moment où l'on refoulait la foule, dont quelques membres furent blessés cruellement.

Bientôt l'ambassade portugaise pénétra dans une petite cour où se trouvait le zamorin. Cet illustre prince était accoudé sur un sopha de velours vert, avec des coussins de toutes sortes. Il tenait à la main une coupe d'or fort grande et qui semblait d'un poids considérable. Ce vase lui servait à recevoir le résidu de certaine herbe du pays qu'il se plaisait à mâcher, et que l'on nomme *atambor*, mais c'est ce que nous appelons bétel ; à côté de lui, se trouvait une large bassine d'or, dans laquelle on voyait une quantité de cette herbe. Enfin, tout autour on voyait quantité d'autres vases d'or et d'argent. Au-dessus, le ciel était tout doré.

L'amiral entra, joignit les mains, les leva en haut, et s'inclina profondément : le Zamorin lui fit aussitôt signe de monter auprès de lui sur l'estrade. Gama hésita, car tout Indien ne parlait au prince qu'en se tenant à l'écart et en plaçant sa main devant sa bouche. Bientôt le zamorin ayant avisé les hommes de la suite de Gama, donna ordre qu'on les fît asseoir sur un banc de pierre, sous ses yeux, et leur fit offrir de l'eau pour les mains et des fruits fort doux, assez semblables au melon. Pendant que les Portugais mangeaient de ces fruits, ce qui amusa beaucoup le zamorin, il se reprit à considérer l'amiral et lui dit qu'il pouvait parler en présence de tout cet auditoire qui était des plus honorables. Mais Gama répondit que, chargé d'un message par le roi de Portugal, il ne devrait le remettre qu'au prince lui-même.

Sur ce, le zamorin le fit conduire dans une chambre solitaire et l'y suivit immédiatement. C'était l'heure où la nuit tombait. Une fois réuni à l'amiral, le prince s'assit sur un sopha et dit qu'il désirait savoir ce dont il était question. Alors Vasco da Gama expliqua comme quoi le roi de Portugal, depuis très longtemps instruit qu'il y avait dans les Indes un roi puissant et sage, avait conçu le désir de le faire rechercher pour lui dire qu'il voulait en faire son ami et son frère; que, dans cette pensée, il avait fait construire des vaisseaux, et l'avait envoyé, lui, Gama, en quête de ce roi dont on disait tant de merveilles; qu'il était porteur de deux lettres de ce souverain, lesquelles il remettrait le lendemain, et qu'il devait perdre sa tête sous la hache s'il retournait en son pays sans avoir découvert le zamorin, s'il n'en rapportait pas une réponse favorable, et s'il n'em-

menait pas avec lui quelques hommes de la contrée.

Le zamorin répondit qu'il acceptait le roi de
Portugal comme son ami et frère, et qu'il lui en-
verrait une ambassade par son occasion.

Il fut alors question de la résidence que l'on
assignerait aux Portugais, car la nuit était tout à
fait venue. Le roi voulait envoyer Gama et les
siens demeurer chez des particuliers de la ville,
des Maures par exemple : mais l'ambassadeur
exprime le désir d'avoir une habitation particulière. La promesse en fut faite, mais, en attendant,
on se sépara, et les Portugais une fois dehors, ne
savaient trop où aller pour passer la nuit. Ils s'é-
taient réfugiés sous une *varanda*, sorte de hangar,
où un grand chandelier de bronze les éclairait : il
était alors quatre heures de nuit. Une foule énorme les attendait toujours. Ils prirent donc le parti
de s'éloigner, mais il tombait une pluie torren-
tielle, et les rues ruisselaient d'eau, à tel point
que six Indiens se chargèrent de Gama qu'ils
portèrent sur leurs épaules. On marcha si longtemps, que le chef de l'expédition demanda à un
Maure, facteur du roi, de le conduire en son logis. Le Maure le fit entrer en un enclos, sous un
appentis où brûlaient deux immenses flambeaux
alimentés avec de l'huile ou du beurre. Là, on
amena un cheval à l'amiral, afin qu'il se rendît au
gîte où étaient ses bagages : mais comme ce cheval était sans selle, da Gama ne voulut point le
monter. Bref, l'ambassadeur et ses gens se ren-

dirent à pied auprès du campement de leurs bagages.

Le lendemain, il était question d'envoyer au zamorin les cadeaux qui lui étaient destinés. Douze pièces de drap rayé, douze manteaux à capuce d'écarlate, six chapeaux et quatre rameaux de corail, une caisse de bassines contenant six pièces, une caisse de sucre, deux barils de miel et deux d'huile composaient ces dons; mais le désappointement de Vasco da Gama fut des plus grands, quand les officiers du roi et d'autres encore lui déclarèrent que leur souverain n'accepterait jamais de tels objets, et que le moindre marchand des Indes et le plus humble pèlerin de la Mecque lui apportait mieux que cela. Et ils refusèrent en effet de conduire ces offrandes au palais du zamorin.

Trois jours après, alors que, attendant quelque nouvelle de la cour, les Portugais, pour se désennuyer, chantaient et dansaient au son des trompettes, des Maures vinrent les chercher pour les conduire devant le prince. Nombre de gens armés occupaient le palais. Gama dut attendre son audience plus de trois heures, et alors, quand enfin on l'introduisit, il ne put faire entrer avec lui que son interprète et son secrétaire. Le zamorin lui fit très froidement reproche de ne pas être venu depuis longtemps le visiter, d'être venu comme ambassadeur d'un pays aussi éloigné sans lui rien apporter, enfin de s'être présenté comme chargé de lettres de son souverain, et cependant de ne pas les lui avoir encore remises.

Vasco da Gama sut parfaitement répondre au zamorin qu'il n'était pas venu plus tôt à cause de sa fatigue ; que les lettres allaient lui être remises incontinent ; mais, quant aux présents, il déclara nettement que, cette fois, il était venu bien plus comme navigateur allant à la découverte que comme ambassadeur, et que les dons qu'il offrait étaient de lui-même et non du roi : mais que, à un second voyage, ce serait alors le roi de Portugal qui lui adresserait des cadeaux véritablement dignes de lui.

Sur ce, le zamorin fit appeler un jeune Indien, du nom de Quaram, que l'on supposait devoir traduire les lettres du roi de Portugal beaucoup mieux que les Maures, qui, par hostilité pour les Portugais, pourraient y mêler des détails erronés. Le roi se montra satisfait des lettres, et renvoya l'amiral, en lui recommandant d'aller à ses navires et d'en débarquer les marchandises pour en faire commerce avec les habitants.

Alors, après avoir pris congé du roi, Gama s'en revint au logis, et ses Portugais avec lui ; mais, comme il était déjà tard, l'officier du zamorin ne se mit pas en mesure de le conduire à ses vaisseaux. Et lorsque fut arrivé le jeudi, dans la matinée, les Indiens amenèrent à l'amiral un cheval sans selle. Mais Gama refusa de le monter et demanda un cheval du pays, c'est-à-dire une litière, parce qu'il ne pouvait chevaucher sur une bête en cet état. Aussitôt on le mena à la demeure d'un riche marchand qui lui fit préparer un pa-

lanquin. Lorsque tout fut prêt, l'amiral y monta
et partit incontinent, prenant le chemin de Pandarany, où étaient les navires. Les autres Portugais, marchant à sa suite, se fatiguèrent et demeurèrent fort en arrière. Et, comme ils allaient ainsi,
survint le baile du zamorin, qui les dépassa et re-
joignit Vasco da Gama. Ceux-ci s'égarèrent, en
s'acheminant dans l'intérieur des terres : heureusement on courut après eux, pour les remettre en
bon chemin. Quand enfin ils rejoignirent leur amiral, à Pandarany, ils le trouvèrent sous un hangar, car il y en a beaucoup de ce côté, afin que
les passants et les voyageurs puissent se mettre
à l'abri de la pluie. L'amiral voulut en ce moment
pousser jusqu'aux vaisseaux ; mais le baile et l'officier lui répondirent qu'il était trop tard, et
qu'il partirait le jour suivant.

Mais, sur l'insistance de Gama, ils menèrent
les Portugais le long de la place ; et cela semblant
louche à l'amiral, il ordonna à trois hommes de
se porter en avant, leur disant que s'ils rencontraient les embarcrtions des navires et que son
frère se trouvât là, il eût à se cacher. Ces envoyés
ne trouvèrent rien et revinrent sur leurs pas :
mais, comme les Indiens conduisirent Gama dans
une autre direction, on ne put plus se rencontrer.
Toutefois, les guides des Portugais les conduisirent dans la maison d'un Maure, parce que la nuit
était tout-à-fait venue ; et lorsqu'ils y arrivèrent,
les guides voulurent repartir à la recherche des
envoyés.

Cependant Gama fit acheter une quantité de poules et beaucoup de riz, et ils mangèrent, nonobstant la fatigue de tout ce jour. Quant aux officiers en quête des envoyés, ils ne parurent plus jusqu'au matin. Aussi, sur bien des choses, l'amiral ne manquait pas de soupçons. Il advint alors que, à l'apparition des officiers du zamorin, Gama demanda soudain des embarcations pour se rendre à ses navires. De leur côté, les Indiens voulurent qu'il fît approcher les vaisseaux plus près de la côte. Il s'en suivit une discussion dont le résultat fut qu'on enferma les Portugais dans un lieu sûr que l'on fit garder en outre par des soldats.

On en était là, quand revint enfin un des envoyés qui apprit à l'amiral que Nicolas Coelho était depuis la veille au soir, avec les embarcations, à terre, attendant après lui. Aussitôt l'amiral expédia dans le plus grand secret un de ses hommes pour dire à Nicolas Coelho qu'il retournât à l'instant même aux navires, et celui-ci, à la réception de ce message, s'éloigna en toute hâte. A peine fut-il parti, que les gardiens des Portugais, informés de ce qui se passait, équipèrent des barques pour le poursuivre; mais voyant qu'ils ne pouvaient l'atteindre, ils revinrent à la prison de l'amiral et lui dirent d'écrire une lettre à son frère pour qu'il fît approcher les vaisseaux du rivage. Gama s'y refusa obstinément, parce qu'il lui semblait, comme à ses compagnons, que quand ses navires seraient à la portée des Indiens, ils pourraient s'en emparer, et qu'on les immolerait tous afin de devenir maîtres de leurs richesses.

C'est dans de telles angoisses que les Portugais passèrent la journée. Lorsque la nuit fut venue, il se fit une grande foule autour d'eux. On ne voulait même plus les laisser se promener dans l'enclos qui les retenait captifs, et on les fit entrer dans une cour carrée, où ils s'attendaient à tout instant à quelque violence. Toutefois ils soupèrent de ce qu'on leur fit acheter au-dehors : après quoi, on les fit garder pour la nuit par plus de cent hommes armés d'épées, de *guisarmes* ou hallebardes, d'écus, d'arcs et de flèches : et ces gardes s'arrangeaient de telle sorte que les uns veillaient, tandis que les autres dormaient, se relayant ainsi tour-à-tour.

Quand enfin luit le jour, qui était le samedi 2 juin, quelques seigneurs de la cour arrivèrent, montrant un visage assez débonnaire, disant à l'amiral qu'il fît venir ses marchandises à terre, car c'était l'usage en cette contrée. Gama se rendit à cette invitation plus pacifique, et il écrivit à son frère d'expédier certains objets. Celui-ci les envoya immédiatement. Dès que les Indiens les eurent vus, ils laissèrent partir l'amiral pour gagner les navires, deux hommes seulement restant à terre.

Dès qu'il fut sur son bâtiment, Gama ne voulut plus envoyer pour le moment aucune marchandise, mais dépêcha vers le zamorin pour se plaindre de ses officiers et des violences dont il avait été l'objet. Le zamorin lui fit répondre que les coupables seraient châtiés, et en même temps, il envoya sept ou huit marchands pour voir la cargaison des navires et s'en accommoder si elle leur convenait. De plus, il envoya un homme honorable, puis de Gama, pour veiller sur les Indiens, avec l'ordre de tuer les Maures s'il s'en présentait quelqu'un pour tourmenter l'amiral.

Ces marchands demeurèrent sur les vaisseaux près de huit jours ; mais, au lieu de trafiquer, ils dépréciaient la marchandise. Quand cette même marchandise fut emmagasinée dans une maison du rivage, on ne la trouva pas meilleure, car ceux qui se présentaient, inspirés par les Maures, ennemis des Portugais, en regardant les colis crachaient par terre en disant avec dédain :

— Portugal ! Portugal !

Ils avaient remarqué que cette façon de faire blessait énormément les étrangers.

Aussi, quand l'amiral vit que la marchandise était en un lieu où elle ne pouvait se vendre, il le fit dire au zamorin, en lui exprimant le désir de l'envoyer à Calicut. En effet, le zamorin envoya de nombreux porteurs pour l'amener à Calicut, sans paiement et sans frais, par égard pour le roi de Portugal. Mais, continue la relation de Gama, « tout cela se passait avec l'intention de nous faire du mal, en raison des fâcheuses informations que ce souverain avait eues sur nous, puisqu'on lui avait dit que nous étions des larrons venus pour voler. »

Un dimanche donc, le jour de la saint-Jean-

Baptiste, la cargaison fut portée à Calicut, et l'amiral voulut que ses équipages visitassent la ville, à savoir : chaque navire devait expédier un homme, puis ces marins étant débarqués, il était convenu que d'autres leur succèderaient. Ce fut d'un très bon effet, car les Portugais furent parfaitement accueillis par les habitants, qui en faisaient manger et dormir chez eux. Eux-mêmes se rendirent ensuite aux navires, en se faisant accompagner de leurs fils, auxquels l'amiral faisait offrir des rafraîchissements. L'amitié et les bons rapports s'établirent ainsi bientôt entre les Indiens et les Européens. Il se fit des échanges de toutes sortes : de sobjets étrangers à l'Inde avec les épices, canelle, clous de girofle, pierres précieuses de l'Inde, etc.

Bientôt Vasco da Gama songea à quitter Calicut et à reprendre route vers le Portugal. Il le fit dire au roi. Mais le messager fut retenu près du zamorin pendant plusieurs jours, avant d'avoir audience : et, quand il fut enfin admis, il n'eut que mauvais visage du souverain, qui exigea six cents *seraphins* (3 fr. 80 c.) pour que les Portugais pussent partir.

C'étaient encore les Maures qui inspiraient au zamorin de nouvelles vexations contre leurs ennemis. On alla même jusqu'à garder des hommes de Gama à l'état de captifs. On prohiba l'accès aux navires.

Mais le zamorin répara bientôt cette dernière faute. Il fit venir Diégo Di   l'envoyé de Vasco da Gama, lui rendit la liberté, lui remit une lettre pour le roi de Portugal, et le fit ramener aux navires.

La lettre du zamorin, écrite sur une feuille de palmier, portait ces mots;

« Vasco da Gama, un des seigneurs de votre cour, est venu dans mon royaume, ce qui m'a fait plaisir. Je possède sur mes domaines beaucoup de canelle, de gingembre, de poivre, de clous de girofle, et quantité de pierres fines; mais ce que je désire que tu m'envoies, c'est de l'or, de l'argent, du corail et de l'écarlate. »

Dès-lors Vasco da Gama ne songea plus qu'au départ. Mais auparavant, il fit retirer les marchandises qui lui restaient à Calicut, contre des Indiens qu'il avait gardés comme otages. Malheureusement les gens chargés de cet échange voulurent bien recevoir les captifs, mais ne pas livrer les marchandises. Gama, cette fois, se fâcha, et voyant qu'il ne pouvait pas achever de quitter ce pays de bonne amitié et en paix avec les habitants, toujours par suite des menées des Maures, il fit dire qu'il ne voulait plus des marchandises, mais qu'alors les otages qu'il avait aux Indiens seraient conduits en Portugal. Il ajouta que bientôt il reviendrait à Calicut, et que l'on verrait alors si les Portugais étaient des larrons, ainsi que l'avaient dit les Maures.

Sur ce, le mercredi 29 août, riches de ce qu'ils avaient découvert en l'étant venu chercher, à savoir : des épices et des pierres précieuses, l'ami-

ral fit mettre à la voile, en face même de Calicut.
Mais, le jeudi, vers midi, comme la flotte avait
été retenue par un grand calme, les Portugais virent venir à eux soixante-dix embarcations, portant un monde infini. Ces gens avaient tous sur
la poitrine un plastron de drap vert, doublé d'une
très forte maille, sorte d'arme défensive de mains
et de tête. Puis, quand ces Indiens se furent approchés des navires à la portée des bombardes,
les navires firent sur eux une décharge. Néanmoins les embarcations continuèrent à poursuivre les les navigateurs pendant une heure et de-
mie. Mais survint alors un grain qui emporta les
Portugais en pleine mer, et les Indiens, voyant
qu'ils ne pouvaient rien faire, se décidèrent à retourner à la côte.

NOUVELLES EXPÉDITIONS DANS L'INDE.

Nous ne suivrons pas Vasco da Gama dans son
retour en Europe.

Il nous faut toutefois, avant de poursuivre, dire
que la grande difficulté qui paralysait les rapports
des Européens avec nombre d'autres contrées du
globe, c'étaient les Maures. Ces disciples de Ma-
homet, appuyés de la mer Rouge au Caucase, cou-
paient l'ancien continent en deux parties, dont ils
eussent fini par interdire toute relation de l'une à
l'autre, qui n'aurait pas eu lieu par leur canal.
Ou le commerce de l'Inde eût été entièrement in-

tercepté pour l'occident, ou des Maures avides en fussent devenus les uniques facteurs. Aussi, Vasco da Gama le comprit, et l'habile explorateur tourna la position. L'islamisme fut à son tour cerné, et la civilisation perfectionnée.

Hâté de rapporter à son souverain la nouvelle de ses succès, dit en terminant M. Bory de Saint-Vincent, Vasco da Gama, ayant repassé par les mêmes routes, était de retour à Lisbonne au mois de septembre 1499. Emmanuel le reçut avec joie, le combla de distinctions, et pendant le repos qu'il prit à la cour, Alonzo de Cabral fut envoyé dans l'Inde avec mission d'y fonder des établissements.

Celui qu'il fit à Calicut ne prospéra pas, et les Portugais qu'il y laissa furent peu à peu massacrés.

Emmanuel, en apprenant cette nouvelle, ordonna l'armement d'une flotte vengeresse, et Gama, avec dix vaisseaux, soutenu de deux autres escadres, composées de dix vaisseaux chacune, reprit la route qu'il avait frayée.

C'est dans ce voyage qu'il établit, non sans combattre, les comptoirs portugais qui subsistent encore à Mozambique et à Soffala.

Vasco da Gama venait cette fois avec un système formidable d'intimidation. Il mit d'abord le feu à l'un des grands navires du soudan d'Egypte, qu'il rencontra sur sa route. Il agissait ainsi parce que le soudan était soupçonné d'avoir trempé dans les machinations dont le désastre d'Alonzo

Cabral avait été le résultat. L'équipage fut brûlé avec l'embarcation.

Le bruit des avantages remportés par Gama ayant annoncés on retour au Malabar, Travancor, où il prit terre, le reçut avec soumission. Se rendant alors dans les états du zamorin, il détruisit tous les navires du pays qu'il rencontra, et, dans une seule occasion, il fit pendre à ses vergues cinquante des matelots qu'il y trouva.

Ayant ainsi vengé ses compatriotes traîtreusement égorgés, et s'étant fait redouter au loin, notre amiral revint à ses habitudes de douceur accoutumée, et se fit des alliés de tous ceux qui manifestèrent l'intention d'entrer en rapport avec lui. Il s'unit particulièrement au roi de Cochin, rival naturel de celui de Calicut, dont il obtint les plus fructueuses réparations, et il mit tant de célérité dans toutes ses opérations, que le 20 décembre 1503, il était de retour dans son pays, ramenant treize vaisseaux chargés de richesses.

Ce grand homme était assez petit et un peu gros, mais résolu, circonspect, et son esprit était d'une merveilleuse présence. On lui a reproché de s'abandonner à la colère; mais s'il faisait trembler dans ses accès de vivacité, d'autre part il savait ramener à lui, par des manières remplies d'affabilité, jusqu'à ceux qu'il avait le plus offensés.

Le roi Emmanuel étant mort, et don Edouard de Ménezés ayant, durant sa gestion, mis les affaires des établissements portugais en mauvais état,

Jean III jeta les yeux sur Gama pour les rétablir. Le noble vieillard n'hésita pas à se charger de la vice-royauté des Indes et à reprendre la mer pour doubler une dernière fois le cap de Bonne-Espérance. Il mourut à Cochin, le 24 décembre 1524, plein de gloire et d'années. Les restes de Vasco da Gama furent rapportés en Portugal, et de magnifiques obsèques honorèrent la mémoire de cet homme qui avait doté son pays d'un continent.

LE JAPON

ET

LA TARTARIE

1787.

LA PÉROUSE.

Dans son voyage scientifique autour du monde, ordonné par Louis XVI, notre illustre navigateur Galaup de La Pérouse toucha aux îles Philippines, en février 1787. Puis, le 6 juin, ses frégates la *Boussole* et l'*Astrolabe* eurent connaissance de la terre du Japon, au cap Noto.

Puis, le 11 juin suivant, l'expédition s'arrêtait en face de la côte de la Tartarie, où elle aborda au point qui sépare la Corée de la Tartarie des Mantchous.

TARTARIE.

Les montagnes, relate le journal de La Pérouse, sans avoir l'élévation de celles de l'Amérique, ont au moins six ou sept cents toises de hauteur.

La côte était très escarpée, mais couverte d'arbres et de verdure. On apercevait, sur la cime des plus hautes montagnes, de la neige, mais en très petite quantité ; on n'y voyait d'ailleurs aucune trace de culture ni d'habitation, et nous pensâmes que les Tartares Mantchous, qui sont nomades et pasteurs, préféraient à ces bois et à ces montagnes des plaines et des vallons où leurs troupeaux trouvaient une nourriture plus abondante. Dans une longueur de côtes de plus de quarante lieues, nous ne rencontrâmes l'embouchure d'aucune rivière.

Les journées du 15 et du 16 juin furent très brumeuses ; nous nous éloignâmes peu de la côte de Tartarie, et nous en avions connaissance dans les éclaircies ; mais ce dernier jour sera marqué dans notre journal par l'illusion la plus complète dont j'aie été témoin depuis que je navigue.

Le plus beau ciel succéda, à quatre heures du soir, à la brume la plus épaisse; nous découvrîmes le continent, qui s'étendait de l'ouest quart sud-ouest au nord quart nord-est, et peu après, dans le sud, une grande terre qui allait rejoindre la Tartarie vers l'ouest, ne laissant pas entre elle et le continent une ouverture de quinze degrés. Nous distinguions les montagnes, les ravins, enfin tous les détails du terrain, et nous ne pouvions concevoir par où nous étions entrés dans ce détroit, qui ne pouvait être que celui de Tessoy, à la recherche duquel nous avions renoncé. Dans cette situation, je crus devoir serrer le vent et gouverner au sud-sud-est; mais bientôt ces mornes, ces ravins disparurent. Le banc de brume le plus extraordinaire que j'eusse jamais vu avait occasionné notre erreur; nous le vîmes se disperser : ses formes, ses teintes s'élevèrent, se perdirent dans la région des nuages, et nous eûmes encore assez de jour pour qu'il ne nous restât aucune incertitude sur l'existence de cette terre fantastique. Je fis route, toute la nuit, sur l'espace de mer qu'elle avait paru occuper, et au jour rien ne se montra à nos yeux; l'horizon était pourtant si étendu que nous voyions parfaitement la côte de Tartarie, éloignée de plus de quinze lieues.

La brume fut encore très épaisse le 17, le 18 et le 19; mais nous ne fîmes point de chemin, et nous restâmes bord sur bord, afin de retrouver, aux premières éclaircies, les mornes déjà aperçus et portés sur notre carte. Le 19 au soir, la brume se dissipa; nous n'étions qu'à trois lieues de la terre; nous relevâmes une étendue de côtes de plus de vingt lieues, depuis l'ouest-sud-ouest jusqu'au nord-nord-est; toutes les formes étaient parfaitement prononcées; l'air le plus pur nous permettait d'en distinguer toutes les teintes; mais nous ne vîmes nulle part l'apparence d'une baie.

La brume fut très épaisse le 21 et le 22; mais nous nous tenions si près de la côte, que nous l'apercevions dès qu'il venait la plus petite éclaircie, et nous en eûmes presque chaque jour au coucher du soleil. Le froid commença à augmenter lorsque nous eûmes atteint les quarante-cinq degrés.

Le 23, les vents s'étaient fixés au nord-est; je me décidai à faire route pour une baie que je voyais dans l'ouest-nord-ouest, et où il était vraisemblable que nous trouverions bon mouillage. Nous y laissâmes tomber l'ancre à six heures du soir, par vingt-quatre brasses, fond de sable, à une demi-lieue du rivage. Je le nommai *Baie de Ternay*.

Partis de Manille depuis soixante-quinze jours, nous avions, à la vérité, prolongé les côtes de l'île Quelpaert, de la Corée, du Japon ; mais ces contrées, habitées par des peuples barbares envers les étrangers, ne nous avaient pas permis de songer à y relâcher : nous savions, au contraire, que les Tartares étaient hospitaliers, et nos forces suffisaient d'ailleurs pour imposer aux petites peuplades que nous pouvions rencontrer sur le bord de la mer. Nous brûlions d'impatience d'aller reconnaître cette terre, dont notre imagination était occupée depuis notre départ de France : c'était la seule partie du globe qui eût échappé à l'activité infatigable du capitaine Cook, et nous devons peut-être au funeste événement qui a terminé ses jours le petit avantage d'y avoir abordé les premiers.

Les géographes qui, sur le rapport du Père des Anges, et d'après quelques cartes japonaises, avaient tracé le détroit de Tessoy, déterminé les limites du Jesso, de la terre de la Compagnie et de celle des Etats, avaient tellement défiguré la géographie de cette partie de l'Asie, qu'il était nécessaire de terminer à cet égard toutes les anciennes discussions par des faits incontestables.

La latitude de la baie de Ternay était précisément la même que celle du port d'Acqueis, où avaient abordé les Hollandais; néanmoins, le lecteur en trouvera la description bien différente.

Cinq petites anses, semblables aux côtés d'un polygone régulier, forment le contour de cette rade; elles sont séparées entre elles par des coteaux couverts d'arbres jusqu'à la cime. Le printemps le plus frais n'a jamais offert, en France, des nuances d'un vert si vigoureux et si varié; et quoique nous n'eussions aperçu, depuis que nous prolongions la côte, ni une seule pirogue ni un seul feu, nous ne pouvions croire qu'un pays qui paraissait aussi fertile, à une si grande proximité de la Chine, fût sans habitants. Avant que nos canots eussent débarqué, nos lunettes étaient tournées vers le rivage; mais nous n'apercevions que des cerfs et des ours, qui paissaient tranquillement sur le bord de la mer. Cette vue augmenta l'impatience que chacun avait de descendre; les armes furent préparées avec autant d'activité que si nous eussions eu à nous défendre contre des ennemis, et, pendant qu'on faisait ces dispositions, des matelots pêcheurs avaient déjà pris à la ligne douze ou quinze morues. Les habitants des villes se peindraient difficilement les sensations que les navigateurs éprouvent à la vue d'une pêche abondante; les vivres frais sont des besoins pour tous les hommes, et les moins savoureux

sont bien plus salubres que les viandes salées les
mieux conservées. Je donnai ordre aussitôt d'enfermer les salaisons et de les garder pour des circonstances moins heureuses ; je fis préparer des
futailles, pour les remplir d'une eau fraîche et
limpide qui coulait en ruisseau dans chaque anse,
et j'envoyai chercher des herbes potagères dans
les prairies, où l'on trouva une immense quantité
de petits oignons, du céleri et de l'oseille. Le sol
était tapissé des mêmes plantes qui croissent dans
nos climats, mais plus vertes et plus vigoureuses.
La plupart étaient en fleurs ; on rencontrait à
chaque pas des roses, des lis jaunes, des lis
rouges, des muguets, et généralement toutes nos
fleurs des prés. Les pins couronnaient le sommet
des montagnes : les chênes ne commençaient qu'à
mi-côte, et ils diminuaient de grosseur et de vigueur à mesure qu'ils approchaient de la mer.
Les bords des rivières et des ruisseaux étaient
plantés de saules, de bouleaux, d'érables, et sur
la lisière des grands bois on voyait des pommiers
et des azéroliers en fleurs, avec des massifs de
noisetiers dont le fruit commençait à nouer. Notre surprise redoublait, lorsque nous songions
qu'un excédant de population surcharge le vaste
empire de la Chine, au point que les lois n'y sévis-
sent pas contre les pères assez barbares (1) pour

(1) On sait au prix de quels sacrifices, depuis déjà longues années,
es œuvres de la *Propagation de la Foi* et de *la sainte Enfance* arrachent
chaque jour à la mort et donnent à l'Église des centaines de ces pauvres
petites victimes. Quoi de plus instructif et de plus émouvant que les récits
qui nous sont périodiquement donnés par les *Annales* de ces œuvres.
(*Note de l'Éditeur.*)

noyer et détruire leurs enfants, et que ce peuple, dont on vante tant la police, n'ose point s'étendre au-delà de sa muraille pour tirer sa subsistance d'une terre dont il faudrait plutôt arrêter que provoquer la végétation. Nous trouvions, à la vérité, à chaque pas, des traces d'hommes marquées par des destructions ; plusieurs arbres coupés avec des instruments tranchants ; les vestiges des ravages du feu paraissaient en vingt endroits, et nous aperçûmes quelques abris qui avaient été élevés par des chasseurs au coin des bois. On rencontrait aussi de petits paniers d'écorce de bouleau, cousus avec du fil, et absolument semblables à ceux des Indiens du Canada ; des raquettes propres à marcher sur la neige ; tout enfin nous fit juger que les Tartares s'approchaient des bords de la mer dans la saison de la pêche et de la chasse, qu'en ce moment ils étaient rassemblés en peuplades le long des rivières, et que le gros de la nation vivait dans l'intérieur des terres, sur un sol peut-être plus propre à la multiplication de ses immenses troupeaux.

A la suite d'une partie de pêche, nous découvrîmes sur le bord d'un ruisseau un tombeau tartare, placé à côté d'une case ruinée, et presque enterré dans l'herbe : notre curiosité nous porta à l'ouvrir, et nous y vîmes deux personnes placées l'une à côté de l'autre. Leurs têtes étaient couvertes d'une calotte de taffetas ; leurs corps, enveloppés dans une peau d'ours, avaient une ceinture de cette même peau, à laquelle pendaient

de petites monnaies chinoises et différents bijoux de cuivre. Des rassades bleues étaient répan-
dues et comme semées dans ce tombeau. Nous y
trouvâmes aussi dix ou douze espèces de bracelets
d'argent, du poids de deux gros chacun, que nous
apprîmes par la suite être des pendants d'oreilles,
une hache en fer, un couteau de même métal,
une cuiller de bois, un peigne, un petit sac de
nankin bleu, plein de riz. Rien n'était encore dans
l'état de décomposition, et l'on ne pouvait donner guère plus d'un an d'ancienneté à ce monument. Sa construction nous parut inférieure à
celle de la baie des Français; elle ne consistait
qu'en un petit mamelon formé de tronçons d'arbres, revêtu d'écorce de bouleau. On avait laissé
entre eux un vide, pour y déposer les deux cadavres; nous eûmes grand soin de les recouvrir,
remettant religieusement chaque chose à sa place, après avoir seulement emporté une très petite
partie des divers objets contenus dans ce tombeau, afin de constater notre découverte. Nous
ne pouvions pas douter que les Tartares chasseurs ne fissent de fréquentes descentes dans cette
baie : une pirogue taillée auprès de ce monument
nous annonçait qu'ils y venaient par mer, sans
doute de l'embouchure de quelque rivière que
nous n'avions pas encore aperçue.

Les monnaies chinoises, le nankin bleu, le taffetas, les calottes, prouvent que ces peuples sont
en commerce réglé avec ceux de la Chine, et il

est vraisemblable qu'ils sont sujets aussi de cet empire.

Le riz enfermé dans le petit sac de nankin bleu désigne une coutume chinoise fondée sur l'opinion d'une continuation de besoins dans l'autre vie ; enfin la hache, le couteau, la tunique de peau d'ours, le peigne, tous ces objets ont un rapport marqué avec ceux dont se servent les Indiens de l'Amérique ; et comme ces peuples n'ont peut-être jamais communiqué ensemble, de tels points de conformité entre eux ne peuvent-ils pas faire conjecturer que les hommes, dans le même degré de civilisation et sous mêmes les latitudes, adoptent presque les mêmes usages, et que s'ils étaient exactement dans les mêmes circonstances, ils ne différeraient pas plus entre eux que les loups du Canada ne diffèrent de ceux de l'Europe.

Le 27 juin au matin, après avoir déposé à terre différentes médailles avec une bouteille et une inscription qui contenait la date de notre arrivée, les vents ayant passé au sud, je mis à la voile, et je prolongeai la côte à deux tiers de lieue du rivage, assez près pour distinguer l'embouchure du petit ruisseau. Nous fîmes ainsi cinquante lieues, avec le plus beau temps que des navigateurs puissent désirer.

Le 4 juillet, à trois heures du matin, nous relevâmes la terre jusqu'au nord-est quart nord, et nous avions par notre travers, à deux milles dans l'ouest-nord-ouest, une grande baie dans laquelle coulait une rivière de quinze à vingt toises de largeur.

Les traces d'habitants étaient ici beaucoup plus fraîches ; on voyait des branches d'arbres coupées avec un instrument tranchant, auxquelles les feuilles vertes tenaient encore. Deux peaux d'élan, très artistement tendues sur de petits morceaux de bois, avaient été laissées à côté d'une petite cabane, qui ne pouvait loger une famille, mais qui suffisait pour servir d'abri à deux ou trois chasseurs ; et peut être y en avait-il un petit nombre que la crainte avait fait fuir dans les bois. M. de Vaujaas crut devoir emporter une de ces peaux ; mais il laissa en échange des haches et autres instruments de fer, d'une valeur centuple de la peau d'élan, qui me fut envoyée. Le rapport de cet officier, et celui des différents naturalistes, ne me donnèrent aucune envie de prolonger mon séjour dans cette baie, à laquelle je donnai le nom de *Baie de Suffren*.

J'appareillai de la baie de Suffren avec une petite brise du nord-est à l'aide de laquelle je crus pouvoir m'éloigner de la côte.

ILE SÉGALIEN.

Le 6, à huit heures du matin, nous eûmes connaissance d'une île qui paraissait très étendue, et qui formait avec la Tartarie une ouverture de trente degrés. Je pensai d'abord que c'était l'île Ségalien, dont la partie méridionale avait été placée par les géographes deux degrés trop au nord.

L'aspect de cette terre était bien différent de celui de la Tartarie : on n'y apercevait que des rochers arides, dont les cavités conservaient encore de la neige; mais nous en étions à une trop grande distance pour découvrir les terres basses, qui pouvaient, comme celles du continent, être couvertes d'arbres et de verdure. Je donnai à la plus élevée de ces montagnes, qui se termine comme le soupirail d'un fourneau, le nom de *Pic de Lamanon*, à cause de sa forme volcanique, et parce que le physicien de ce nom a fait une étude particulière de différentes matières mises en fusion par le feu des volcans.

Le 11 et le 12, le temps fut clair; nous approchâmes la côte de l'île à moins d'une lieue; en l'approchant, je la trouvai aussi boisée que celle de Tartarie. Enfin, le 12 juillet au soir, la brise du sud étant beaucoup diminuée, j'accostai la terre, et je laissai tomber l'ancre à deux milles d'une petite anse dans laquelle coulait une rivière. Nous apercevions, à l'aide de nos lunettes, quelques cabanes, et deux insulaires qui paraissaient s'enfuir vers les bois. M. de Langle proposa de descendre pour reconnaître le terrain : je le priai de recevoir à sa suite M. Boutin et l'abbé Mongés, et après que la frégate eut mouillé, que les voiles furent serrées et nos chaloupes débarquées, j'ar-

mai la biscaïenne, commandée par M. de Clonard,
suivie de MM. Duché, Prévost et Collignon, et je
leur donnai ordre de se joindre à M. de Langle,
qui avait déjà abordé le rivage. Ils trouvèrent les
deux seules cases de cette baie abandonnées,
mais depuis très peu de temps, car le feu y était
encore allumé; aucun des meubles n'en avait été
enlevé : on y voyait une portée de petits chiens,
dont les yeux n'étaient pas encore ouverts, et la
mère, qu'on entendait aboyer dans les bois, faisait juger que les propriétaires de cette case
n'étaient pas éloignés. M. de Langle y fit déposer
des haches, différents outils de fer, des rassades,
et généralement tout ce qu'il crut utile et agréable à ces insulaires, persuadé qu'après son rem-
barquement les habitants y retourneraient, et que
nos présents leur prouveraient que nous n'étions
pas des ennemis. Il fit en même temps étendre la
seine, et prit, en deux coups de filet, plus de saumons qu'il n'en fallait aux équipages pour la con-
sommation d'une semaine.

Au moment où il allait retourner à bord, il vit
aborder sur le rivage une pirogue avec sept hommes, qui ne parurent nullement effrayés de notre
nombre. Ils échouèrent leur petite embarcation
sur le sable, et s'assirent sur des nattes au milieu de
nos matelots, avec un air de sécurité qui prévint
beaucoup en leur faveur. Dans ce nombre étaient
deux vieillards, ayant une longue barbe blanche,
vêtus d'une étoffe d'écorce d'arbre assez semblable aux pagnes de Madagascar. Deux des sept

insulaires avaient des habits de nankin bleu ouatés, et la forme de leur habillement différait peu de celle des Chinois; d'autres n'avaient qu'une longue robe qui fermait entièrement au moyen d'une ceinture et de quelques petits boutons, ce qui les dispensait de porter des caleçons. Leur tête était nue, et, chez deux ou trois, entourée seulement d'un bandeau de peau d'ours; ils avaient le toupet et les faces rasés, tous les cheveux du derrière conservés dans la longueur de huit à dix pouces, mais d'une manière différente des Chinois, qui ne laissent qu'une touffe de cheveux en rond. Tous avaient des bottes de peau de loup marin, avec un pied à la chinoise très artistement travaillé. Leurs armes étaient des arcs, des piques et des flèches garnies en fer. Le plus vieux de ces insulaires portait un garde-vue pour se garantir de la trop grande clarté du soleil. Les manières de ces habitants étaient graves, nobles et très affectueuses. M. de Langle leur donna le surplus de ce qu'il avait apporté avec lui, et leur fit entendre, par signes, que la nuit l'obligeait de retourner à bord, mais qu'il désirait beaucoup les retrouver le lendemain pour leur faire de nouveaux présents. Ils firent signe à leur tour qu'ils dormaient dans les environs, et qu'ils seraient exacts au rendez-vous.

Les canots ne furent de retour à bord que vers les honze heures du soir; le rapport qui me fut fait excita vivement ma curiosité. J'attendis le jour avec impatience, et j'étais à terre avec la

chaloupe et le grand canot avant le lever du soleil. Les insulaires arrivèrent dans l'anse peu de
temps après ; ils venaient du nord, où nous avions
jugé que leur village était situé ; ils furent bientôt
suivis d'une seconde pirogue, et nous comptâmes
les habitants.

M. de Langle, avec presque tout son état-major, arriva à terre bientôt après moi, et avant que
notre conversation avec les insulaires eût com-
mencé, elle fut précédée de présents de toute espèce. Ils paraissaient ne faire cas que des choses utiles : le fer et les étoffes prévalaient sur
tout ; ils connaissaient les métaux comme nous ;
ils préféraient l'argent au cuivre, le cuivre au fer,
etc. Ils étaient fort pauvres ; trois ou quatre seulement avaient des pendants d'oreilles d'argent,
ornés de rassades bleues, absolument semblables
à ceux que javais trouvés dans le tombeau de la
baie de Ternay, et que j'avais pris pour des bracelets ; les autres petits ornements étaient de cuivre
comme ceux du même tombeau ; leurs briquets et
leurs pipes paraissaient chinois ou japonais ; cel-
les-ci étaient de cuivre blanc parfaitement travaillé. En désignant de la main le couchant, ils nous
firent entendre que le nankin bleu dont quelques-
uns étaient couverts, les rassades et les briquets,
venaient du pays des Mantchous, et ils prononçaient ce nom absolument comme nous-mêmes.
Voyant ensuite que nous avions tous du papier et
un crayon à la main pour faire un vocabulaire de
leur langue, ils devinèrent notre intention ; ils

prévinrent nos questions, présentèrent eux-mêmes
les différents objets, ajoutèrent le nom du pays,
et eurent la complaisance de le répéter quatre ou
cinq fois, jusqu'à ce qu'ils fussent certains que
nous avions bien saisi leur prononciation. La fa-
cilité avec laquelle ils nous avaient devinés me
porte à croire que l'art de l'écriture leur est connu ; et l'un de ces insulaires, qui, comme l'on va
voir, nous traça le dessin du pays, tenait le crayon
de la même manière que les Chinois tiennent leur
pinceau. Ils paraissaient désirer beaucoup nos
haches et nos étoffes, ils ne craignaient même pas
de les demander ; mais ils étaient aussi scrupuleux
que nous à ne jamais prendre que ce que nous
leur avions donné : il était évident que leurs idées
sur le vol ne différaient pas des nôtres, et je
n'aurais pas craint de leur confier la garde de nos
effets. Leur attention à cet égard s'étendait jusqu'à ne pas ramasser sur le sable un seul des
saumons que nous avions pêchés, quoiqu'ils fussent étendus par milliers, car notre pêche avait
été aussi abondante que la veille. Nous fûmes
obligés de les presser, à plusieurs reprises, d'en
prendre autant qu'ils voudraient.

Nous parvînmes enfin à leur faire comprendre
que nous désirions qu'ils figurassent leur pays
et celui des Mantchous. Alors un des vieillards se
leva, et avec le bout de sa pique il traça la côte
de Tartarie, à l'ouest, courant à peu près nord et
sud, à l'est vis-à-vis, et dans la même direction,
il figura son île ; et, en portant la main sur la poi-

trine, il nous fît entendre qu'il venait de tracer
son propre pays. Il avait laissé entre son île et la
Tartarie un détroit, et, se retournant vers nos
vaisseaux, qu'on apercevait du rivage, il marqua
par un trait qu'on pouvait y passer. Au sud de cette
île, il en avait figuré une autre, et avait laissé
un détroit, en indiquant que c'était encore une
route pour nos vaisseaux. Sa sagacité pour devi-
ner nos questions était très grande, mais moindre encore que celle d'un autre insulaire, âgé à
peu près de trente ans, qui, voyant que les figures tracées sur le sable s'effaçaient, prit un de
nos crayons avec du papier. Il y traça son île,
qu'il nomma *Tchoka*, et il indiqua par un trait la
petite rivière sur le bord de laquelle nous étions,
qu'il plaça aux deux tiers de la longueur de l'île, depuis le nord jusque vers le sud. Il dessina ensuite la
terre des Mantchous, laissant, comme le vieillard,
un détroit au fond de l'entonnoir, et, à notre grande surprise, il y ajouta le fleuve Ségalien, dont
les insulaires prononçaient le nom comme nous.
Il plaça l'embouchure de ce fleuve un peu au sud
de la pointe du nord de son île, et il marqua par
des traits, au nombre de sept, la quantité de journées de pirogue nécessaire pour se rendre du
lieu où nous étions à l'embouchure du Ségalien;
mais comme les pirogues de ces peuples ne s'é-
cartent jamais de terre d'une portée de pistolet,
en suivant le contour des petites anses, nous ju-
geâmes qu'elles ne faisaient guère en droite ligne
que neuf lieues par jour, parce que la côte permet

de débarquer partout, qu'on mettait à terre pour
faire cuire les aliments et prendre ses repas, et
qu'il est vraisemblable qu'on se reposait souvent :
ainsi nous évaluâmes à soixante lieues au plus
notre éloignement de l'extrémité de l'île. Le même
insulaire nous répéta ce qui avait été dit, qu'ils
se procuraient des nankins et d'autres objets de
commerce par leur communication avec les peuples qui habitent les bords du fleuve Ségalien, et
il marqua également par des traits pendant combien de journées de pirogue ils remontaient ce
fleuve jusqu'aux lieux où se faisait ce commerce.
Tous les autres insulaires étaient témoins de cette
conversation, et approuvaient par leurs gestes les
discours de leur compatriote. Nous voulûmes ensuite savoir si ce détroit était fort large. Nous
cherchâmes à lui faire comprendre notre idée : il
la saisit, et, plaçant ses deux mains perpendiculairement et parallèlement à deux ou trois pouces
l'une de l'autre, il nous fit entendre qu'il figurait ainsi la largeur de la petite rivière de notre aiguade;
en les écartant davantage, que cette seconde largeur était celle du fleuve Ségalien ; et en les éloi-
gnant enfin beaucoup plus, que c'était la largeur
du détroit qui sépare son pays de la Tartarie. Il
s'agissait de connaître la profondeur de l'eau.
Nous l'entraînâmes sur le bord de la rivière, dont
nous n'étions éloignés que de dix pas, et nous y
enfonçâmes le bout d'une pique. Il parut nous
comprendre. Il plaça une main au-dessus de l'autre, à la distance de cinq ou six pouces : nous

crûmes qu'il nous indiquait ainsi la profondeur du fleuve Ségalien; et enfin il donna à ses bras toute leur extension, comme pour figurer la profondeur du détroit. Il nous restait à savoir s'il avait représenté des profondeurs absolues ou relatives; car, dans le premier cas, ce détroit n'aurait eu qu'une brasse, et ce peuple, dont les embarcations n'avaient jamais approché de nos vaisseaux, pouvait croire que trois ou quatre pieds d'eau nous suffisaient, comme trois ou quatre pouces suffisent à leurs pirogues. Mais il nous fut impossible d'avoir d'autres éclaircissements là-dessus.

M. de Langle et moi crûmes que, dans tous les cas, il était de la plus grande importance de reconnaître si l'île que nous prolongions était celle à laquelle les géographes ont donné le nom de Ségalien, sans en soupçonner l'étendue au sud.

Je donnai l'ordre de tout disposer sur les frégates pour le lendemain. La baie où nous étions mouillés reçut le nom de *baie de Langle*, du nom de ce capitaine, qui l'avait découverte et y avait mis le pied à terre le premier.

Nous employâmes le reste de la journée à visiter le pays et le peuple qui l'habite.

Le 14 juillet, à la pointe du jour, je fis le signal d'appareiller avec les vents du sud et par un temps brumeux, qui bientôt se changea en une brume très épaisse. Jusqu'au 19, il n'y eut pas la plus petite éclaircie. Le 19, au matin, nous vîmes la terre de l'île depuis le nord-est quart nord jusqu'à l'est-sud-est, à deux heures après-midi, que nous laissâmes tomber l'ancre à l'ouest d'une très bonne baie, par vingt brasses, fond de petits graviers, à deux milles du rivage. J'ai nommé cette baie, la meilleure dans laquelle nous avons mouillé depuis notre départ de Manille, *baie d'Estaing.*

Lorsque nos canots abordèrent dans l'anse, des femmes effrayées poussèrent des cris comme si elles avaient craint d'être dévorées. Elles étaient cependant sous la garde d'un insulaire qui les ramenait chez elles, et qui semblait vouloir les rassurer. Leur physionomie est un peu extraordinaire, mais assez agréable : leurs yeux sont petits, leurs lèvres grosses, la supérieure peinte ou tatouée en bleu, car il n'a pas été possible de s'en assurer. Leurs jambes étaient nues; une longue robe de chambre de toile les enveloppait ; et comme elles avaient pris un bain dans la rosée des herbes, cette robe de chambre collait complètement sur elles. Leurs cheveux avaient toute leur longueur, et le dessus de la tête n'était point rasé, tandis qu'il l'était chez les hommes.

M. de Langle, qui débarqua le premier, trouva les insulaires rassemblés autour de quatre pirogues chargées de poisson fumé ; ils aidaient à les pousser à l'eau, et il apprit que les vingt-quatre hommes qui formaient l'équipage étaient Mantchous, et qu'ils étaient venus des bords du fleuve Ségalien pour acheter ce poisson. Il eut une longue conversation avec eux par l'entremise de nos Chinois, auxquels ils firent le meilleur accueil. Ils

dirent, comme nos premiers géographes de la
baie de Langle, que la terre que nous prolongions
était une île ; ils lui donnèrent le même nom ; ils
ajoutèrent que nous étions encore à cinq journées
de pirogue de son extrémité, mais qu'avec un bon
vent l'on pouvait faire ce trajet en deux jours, et
coucher tous les soirs à terre : ainsi, tout ce
qu'on nous avait déjà dit dans la baie de Langle
fut confirmé dans cette nouvelle baie, mais ex-
primé avec moins d'intelligence par le Chinois qui
nous servait d'interprète.

M. de Langle rencontra aussi, dans un coin de
l'île, une espèce de cirque planté de quinze ou
vingt piquets, surmontés chacun d'une tête d'ours.
Les ossements de ces animaux étaient épars aux
environs. Comme ces peuples n'ont pas l'usage
des armes à feu, qu'ils combattent les ours corps
à corps, et que leurs flèches ne peuvent que les
blesser, ce cirque nous parut être destiné à con-
server la mémoire de leurs exploits, et les vingt
têtes d'ours exposées aux yeux devaient retracer
les victoires qu'ils avaient remportées depuis dix
ans, à en juger par l'état de décomposition dans
lequel se trouvaient le plus grand nombre.

Les productions et les substances du sol de la
baie d'Estaing ne diffèrent presque point de celles
de la baie de Langle : le saumon y était aussi
commun, et chaque cabane avait son magasin.
Nous découvrîmes que ces peuples consomment
la tête, la queue et l'épine du dos, et qu'ils bouca-
nent et font sécher, pour être vendues aux Mant-

chous, les deux côtés du ventre de ce poisson, dont ils ne se réservent que le fumet, qui infeste leurs maisons, leurs meubles, leurs habillements, et jusqu'aux herbes qui environnent leurs villages.

Nos canots partirent enfin à huit heures du soir, après que nous eûmes comblé de présents les Tartares et les insulaires. Ils étaient de retour à huit heures trois quarts, et j'ordonnai de tout disposer pour l'appareillage du lendemain.

Le 20, le jour fut très beau. Nous prolongeâmes la côte occidentale de l'île à une petite lieue.

Le 22 au soir, je mouillai à une lieue de terre. J'étais par le travers d'une petite rivière; on voyait, à trois lieues au nord, un pic très remarquable. Je lui ai donné le nom de *Pic la Martinière*, parce qu'il offre un beau champ aux recherches de la botanique, dont le savant de ce nom fait son occupation principale.

Je continuai à prolonger de très près cette île, qui ne se terminait jamais au nord.

Bref, pour ne pas fatiguer le lecteur par un travail scientifique qui avait pour but de signaler aux navigateurs l'étendue et la forme de l'île Ségalien, notre célèbre La Pérouse arriva à déterminer le détroit qui sépare cette île de la terre ferme. Il l'appela Manche de Tartarie, nom qu'il conserve actuellement. C'était un immense service rendu à la navigation, qui, dans ces parages inconnus, courait souvent de si grands dangers.

BENGALE.

SIAM ET COCHINCHINE.

1821-1822.

FINLAYSON.

Le nom seul de Finlayson nous apprend qu'il est Anglais.

Qui dit Anglais, dit touriste curieux et avide de voir.

Suivons donc Finlayson. Il va nous montrer sans voile la Chine moderne et nous en révéler mille particularités intéressantes.

POULO-PINANG.

Le 21 novembre 1821, Finlayson s'embarquait sur le *John-Adam*, dans le port de Calcutta, dans l'Inde, et descendait l'Hougly, bras principal du Gange, jusqu'à son embouchure, soit trente-six lieues.

Le 11 décembre, le *John-Adam* jetait l'ancre près de Poulo-Pinang

Poulo-Pinang ou l'île du Prince de Galles, est

située à l'entrée du détroit de Malacca, et a pour chef-lieu Pinang.

En 1821, elle comptait 45,127 habitants, Malais, Chinois, Bengalis et Européens. Cette île appartenait jadis aux Malais ; mais, en 1766, elle fut donnée en dot au capitaine anglais Light, qui avait épousé la fille du roi malais. Cet Anglais lui donna le nom qu'elle porte aujourd'hui, et la vendit à la compagnie des Indes, qui fit de cette île un lieu de station pour les navires qui font le commerce avec la Chine.

Quand Finlayson y arriva, le port était rempli des navires de toutes les nations, Français, Anglais, Américains, Chinois, Siamois et Arabes. Parmi la foule des badauds réunis sur la berge pour voir débarquer les Anglais, on trouvait surtout des Musulmans de la côte du Malabar, appelés *Chialiahs* ; ils ne semblaient occupés qu'à regarder des pieds à la tête les nouveau-venus. Mais l'attention était détournée de ces gens, par le spectacle le plus intéressant et le plus animé. Plus de traces de l'air indolent propre aux Asiatiques. Chaque bras travaillait sans relâche, et la physionomie de chaque passant était affairée au suprême degré.

La ville semblait être d'une étendue considérable : en même temps, elle se montrait propre, jolie, belle même. La généralité des maisons y est construite dans un style bizarre, mais gracieux et élégant. Celles des plus riches, de même que celles des plus pauvres, sont composées de bois et de feuilles de palmier. Elles dominent le sol de quatre à six pieds, élevées qu'elles sont sur des piliers, et on n'y parvient qu'au moyen d'une échelle. Ces huttes sont alignées et forment des rues droites et larges. Chaque maison est placée dans un enclos différent.

Les Anglais, se rendant à la maison de campagne du gouverneur, furent émerveillés de l'énorme profusion de végétaux qui, de toutes parts, s'offraient à leurs yeux. C'étaient les espèces les plus communes de la famille des palmiers poussant en grand nombre et avec une rare vigueur ; c'étaient des masses de convolvulus et de plantes parasites bordant les haies et grimpant jusqu'aux dernières branches des arbres. Les terres basses étaient couvertes d'herbacées, et l'île entière offrait l'aspect d'un immense et pittoresque jardin. Rien ne peut surpasser le luxe, la force, la diversité des végétaux de cette île. En outre, les hautes montagnes, les immenses précipices, les larges vallées y abondent et y produisent les plus charmants paysages.

Nos curieux voyageurs s'enfoncèrent bientôt dans les magnifiques forêts et les splendides vallées qui les entouraient de toutes parts. L'animal le plus singulier qu'ils rencontrèrent fut le *galeo-pithecus-variegatus*, petite bête du genre de l'hermine, couverte de la plus douce fourrure, et remarquable par une bizarre expansion de sa peau, laquelle se prolonge depuis la tête, le long du cou, jusqu'aux pattes de devant, qui sont à paume ; depuis là jusqu'à celles de derrière qui le sont également, et de ces pattes jusqu'à l'extrémité de la queue. Au moyen de cette membrane, il peut, pour une courte distance, se soutenir en l'air. Pendant la nuit, il est actif et remuant; mais pendant la journée il se montre lourd, paresseux, dormeur et n'aime pas qu'on le dérange. Il a deux mamelles sur la poitrine. Celles de sa femelle sont très saillantes. Sa voix est dure, aigre, criarde et désagréable. Il se nourrit de fruits et pourrait, paraît-il, s'apprivoiser aisément.

Les Anglais se rendirent maîtres d'un chat sauvage, fort commun à Poulo-Pinang, et qui, pour la taille, ne diffère du chat domestique que par la tête qu'il a plus allongée. Farouche à l'excès, il prend la fuite devant tout ce qui l'approche. Il a la robe noire, tachée de gris, la poitrine blanchâtre et la queue très longue.

Dans cette île, les chaînes de montagnes ne sont que d'une moyenne hauteur : aussi ces montagnes n'y produisent pas de très grandes différences dans la distribution des végétaux. Les arbres toutefois y prospèrent avec toute la vigueur possible de végétation jusqu'à deux ou trois cents pieds du sommet des pics les plus hauts, et on en voit beaucoup qui atteignent une élévation peu commune.

MALACCA.

Le 5 janvier 1822, le *John-Adam* remettait à la voile, pour se rendre à Malacca.

Rien de plus singulier dans ces mers que leur aspect brillant aux heures de la nuit. L'Océan ressemble alors à un immense lac de feu liquide, de soufre fondu ou de phosphore. Dans un grand nombre de baies des côtes, les animalcules qui produisent cette étrange lumière existent en si grande quantité qu'une chaloupe, même à distance de trois à quatre milles, peut être facilement reconnue, grâce à la lueur étincelante et absolument semblable à celle d'une torche, qui s'échappe des flots agités par la proue et par les rames.

Le 9, les navigateurs débarquèrent sur l'île de Poulo-Dinding, toute de granit, et que des bois impénétrables couvrent depuis les bords de la mer jusque sur ses points culminants. Ses végétaux sont des plus vigoureux. Son sol, compacte et noir, est maintenu en place par la densité des forêts. Deux genres de palmiers poussent avec vigueur dans ces ravins, et, dans les endroits humides, une sorte de lis rouge à feuilles longues de trois pieds occupe des espaces considérables. Les montagnes sont trop rapides pour présenter une perspective de culture qui serait favorable même à des plantes telles que le caféier; les arbres du reste y ont beaucoup moins de hauteur que ceux de l'île de Poulo-Pinang.

Le 14, on touchait à Malacca, ville forte et capitale du royaume de ce nom, où les Hollandais ont un comptoir.

Autour de la ville, la contrée est généralement basse; en effet, de petites montagnes, formées d'une argile compacte et ferrugineuse dont les indigènes se servent pour bâtir, ne sont pas assez hautes pour faire exception à l'aspect général. Lorsqu'on a pénétré d'un mille dans l'intérieur des terres, elle devient marécageuse, et apparaît partout couverte de bois.

Lorsque Finlayson entra dans Malacca, il fut étrangement frappé du contraste qu'elle présentait, sous le rapport de l'importance commerciale, avec le bel et intéressant établissement que les Anglais ont fondé sur l'île de Poulo-Pinang. D'abord, cinq ou six navires étaient à peine semés dans l'immense port, tandis qu'à Poulo-Pinang, on voyait des centaines de bâtiments. Ensuite, à Malacca, un tiers au moins des maisons était fermé et semblait être abandonné. Ici et là, un habitant solitaire se promenait sur son balcon, ou nonchalamment appuyé contre sa porte en fumant : de sorte que cette scène d'abandon rendait la physionomie de la ville morne, triste et mélancolique.

Les Chinois eux-mêmes paraissaient avoir oublié leurs habitudes laborieuses et offraient le spectacle honteux d'une fainéantise contraire à leurs goûts.

Les Anglais ne reconnurent point parmi les colons le genre de vie et les mœurs hollandaises. En effet, à Malacca, presque toutes les familles reçoivent chez elles des pensionnières, et l'on n'y voit pas toujours cette merveilleuse propreté particulière aux peuples des Pays-Bas. La salle où l'on dîne, celle où l'on se tient, sont passablement propres, passablement rangées; mais les chambres à coucher sont laides, petites, sales et mal aérées. Les habitants paraissent généralement fort pauvres : leur genre de vie est humble de toutes les manières; leurs aliments, sauf le poisson qui est fort bon, sont grossiers. Les denrées se paient des prix fabuleux; ainsi une volaille ne vaut pas moins d'un écu.

SINGAPORE.

Le 20, le *John-Adam* était à Singapore.

Les Anglais ont fait choix de cette île pour y fonder un grand établissement. En effet, Singapore est située sur la route directe du Bengale à la Chine et aux nombreuses îles qui forment la partie orientale de l'archipel. On y trouve en toute saison un mouillage commode et sûr; on y est à l'abri des tiphons destructeurs, si communs dans l'océan Chinois, et des tempêtes presque aussi furieuses qui se rencontrent sur les îles indiennes. Pendant tout le cours de l'année, sans qu'il faille en excepter ni un mois ni une semaine, l'atmosphère y est sereine et paisible. La surface des flots y est à peine ridée par le vent. Il semble que l'on côtoie les bords d'un lac.

Les Chinois peuvent être regardés comme les seuls cultivateurs de l'île. Ce sont les Malais qui abattent les forêts; mais viennent ensuite les enfants de la Chine débarrasser le sol de l'abattis que les premiers ont laissé sur place. Ils choisissent les meilleurs bois pour les employer aux divers usages domestiques, convertissent ceux de qualité inférieure en charbon, en pieux, en palissades, et enrichissent la terre des cendres du reste.

Toutefois leurs demeures ne sont ni solides ni durables. Elles sont bâties de bambons, de petites branches de nattes, et couvertes avec des feuilles de pandanus cousues ensemble. Elles sont toujours entourées d'un jardin qui renferme quelques buissons à fleurs, des racines bonnes à manger, et des légumes. Il y a un air manifeste de pauvreté dans l'habitation du Chinois de Singapore, et la négligence de son costume va la plupart du temps jusqu'à la malpropreté. C'est à peine s'il y a un tabouret ou un banc pour s'asseoir. Son mobilier est toujours peu considérable, toujours du genre le plus simple et des matériaux les moins chers.

C'est uniquement dans ses opérations culinaires

qu'on voit le Chinois propre et soigné ; insoucieux de sa toilette, insensible aux avantages d'un logement commode, il paraît comprendre à leur juste valeur et même s'exagérer les plaisirs de la bonne chère. A ce but, à cette fin, tend toute son industrie, tout son labeur. Dans l'île, le porc, les canards, les oies, les meilleures sortes de poissons, enfin tous les mets les plus rares sont achetés par les Chinois, peu leur importe le prix. La chair des chiens, des rats, des singes, des alligators et d'autres reptiles leur fournit à son tour de savoureux ragoûts. Ils paraissent moins priser la qualité de cette nourriture que la quantité des sucs nutritifs qu'elle renferme. Les poissons de mer gélatineux et les nids d'oiseaux, sont rangés par eux au nombre des plats les plus délicats.

D'autre part, dans tout ce qui concerne les plus aimables sentiments de notre nature, et qui tend à unir la grande famille de la race humaine, les Chinois sont fort défectueux. Les devoirs si sublimes, si doux, si touchants de la religon, de la famille, ils n'en ont cure. A la place, une basse, une absurde, une indigne superstition, née de la peur seule, règne chez eux, gens du peuple, tandis que leurs savants affectent un théisme froid et presque inintelligible

Sous le rapport de la capacité intellectuelle, ils paraissent inférieurs à beaucoup d'autres tribus asiatiques. Ce qui les distingue particulièrement, c'est une sorte de régularité mécanique dans tout ce qu'ils font, et on la retrouve chez eux jusque dans les opérations de l'esprit.

Les jonques qui mouillèrent à Singapore pendant le séjour des Anglais étaient de Canton, de Cochinchine et des îles à l'est. Les plus grandes portaient de deux à trois cents tonneaux. Elles n'avaient à bord ni cartes ni livres d'aucune espèce, ni aucun document écrit qui leur indiquât la route à suivre. Toutefois, elles étaient munies d'une grossière boussole, montée sur un châssis de bois. Leur mode de procéder est de partir avec les moussons favorables. Après avoir atteint certaine distance sans perdre de vue la terre, ils se mettent en devoir de traverser la mer de Chine, calculant qu'ils arriveront, comme en général ils arrivent, au rivage opposé dans l'espace de dix à douze jours. Ils ne font qu'un voyage chaque année, d'un bord de cette mer à l'autre. Alors on tire la jonque sur le sable, on la couvre de paille et on la laisse reposer jusqu'à la saison suivante. Le maître du bâtiment le monte presque toujours, et donne à l'équipage un intérêt dans la cargaison.

Les vivres dont ils approvisionnent leurs jonques consistent en porcs, en volailles, en riz, et en une énorme quantité de légumes verts marinés dans de grands vases.

A la poupe se trouve, dans un petit réduit, une sorte de temple, orné de morceaux de feuilles d'or ou de papier peint, et contenant trois ou quatre petites images de porcelaine ou de bois, habillées d'une façon grotesque. Ce sont leurs étranges divinités.

Quant aux Malais de la classe inférieure, leur condition dans ces contrées est aussi misérable qu'on peut se le figurer. Presque toute leur vie s'écoule sur l'eau, dans une méchante petite barque où ils peuvent s'étendre à peine quand ils veulent se reposer. Elle porte d'ordinaire l'homme, la femme et un ou deux enfants. Leur subsistance ne dépend absolument que de leur succès à la pêche.

SIAM.

Le 21 mars, vers le coucher du soleil, du *John-Adam* on vit aller et venir sur les flots de la mer nombre de jonques chinoises. Elles allaient jeter l'ancre dans le hâvre de Siam. L'expédition anglaise fit de même, et le même soir on reposait près de la côte.

Le 26, de bonne heure dans la matinée, un Siamois, vêtu à peu près comme un matelot européen, vint à bord, et annonça qu'il était envoyé pour servir d'interprète et accompagner les Anglais dans la capitale. Cet homme parlait assez bien le portugais, mais son anglais était incompréhensible. Il commença par prévenir que le chef de Paknam voulait que les canons fussent débar-

qués ; puis il invita les officiers à dîner de la part
du même chef.

Paknam n'étant qu'un simple village du royaume
de Siam, les Anglais ne se firent pas scrupule de
désobéir à son gouverneur à l'endroit des canons,
mais ils se rendirent à l'invitation. Quand ils tou-
chèrent le rivage, ils y trouvèrent réunis une mul
titude de vieillards, de femmes et d'enfants, qui
les examinèrent avec le plus vif étonnement. Un
jeune Siamois, nu jusqu'à la ceinture, et que leur
avait envoyé déjà le gouverneur, les reçut à la
descente de leur chaloupe, et à travers une rue
étroite et sale, les conduisit à la demeure du magistrat, dans laquelle ils montèrent par un esca-
lier de bois. Dans une salle qui ne fermait pas, et
grotesquement décorée de lanternes chinoises, de
miroirs hollandais, et de lambeaux de papier
peint, ils trouvèrent le susdit magistrat, homme
grand, mince et assez vieux, assis sur une chaise.
Il se leva pour saluer, et fit asseoir les Anglais
autour de lui. Une table fut bientôt dressée au
milieu de la chambre, et quand les assistants y
eurent pris place, on leur servit une collation qui
se composait de porc rôti, de canards et de poulets pareillement accommodés, et d'un pilau. Ces
différents plats avaient été cuits à l'européenne,
et deux ou trois chrétiens indigènes qui servaient,
à en juger par leur air affairé et leur mine triom-
phante, étaient sans doute les artistes qui avaient
mis en œuvre leur science culinaire. Ni le gouverneur ni personne de sa maison ne prit part au

festin, pendant lequel une grande foule de curieux s'était rassemblée dans la cour, et examinait les étrangers au risque de les fatiguer.

Le soir, en compagnie d'un de ses amis, Finlayson revint à terre et se promena dans le village. Ils eurent beaucoup de peine à débarquer, car alors la marée était basse, et les rives du fleuve ne consistaient qu'en une boue molle. Ils grimpèrent dans une maison bâtie sur l'eau comme la plus grande partie du village; et ils passèrent alors d'habitation en habitation, sur de hautes poutres, jusqu'à ce qu'ils atteignissent la terre ferme. Ils trouvèrent les villageois fort civils, obligeants même : ils étaient accueillis le sourire sur les lèvres; on aurait voulu les faire asseoir à table. Les femmes n'étaient pas moins pressantes que les hommes. Elles se rassemblaient autour des deux Anglais, causaient, riaient, et ne témoignaient pas la moindre crainte. Les maisons dans lesquelles ils entrèrent étaient sales, pleines de copeaux et peu commodes. Toutefois les indigènes semblaient vivre dans une aisance passable, quoiqu'il soit impossible de dire quels sont leurs moyens de subsistance, hors ceux qu'ils tirent de la mer et du fleuve Ménam, qui arrose le village assis près de son embouchure. Le poisson paraissait même très rare parmi eux. Au contraire, ils avaient du riz en abondance.

Les Siamois se montraient généralement gras et vigoureux, mais de taille un peu au-dessous de la moyenne. Ils coupent leurs cheveux très ras sur toute la tête, et ne conservent sur le front qu'une mèche encore très courte, qu'ils peignent de manière à la rejeter en arrière. Nulle différence sur ce point entre les hommes et les femmes. Les Européens ne sont pas plus soigneux pour s'entretenir les dents blanches, que ne le sont les Siamois pour se les rendre noires. Parmi eux, il n'y a que les dents noires que l'on regarde comme belles, et il faut avouer qu'ils réussissent parfaitement. Leur figure est singulièrement grande; leur front, très large, proéminent de chaque côté, est beaucoup plus recouvert par la chevelure. Chez quelques-uns, elle descend jusqu'à un pouce et même moins des sourcils, cache entièrement les tempes, et s'avance presque d'autant vers l'angle extérieur de l'œil. Mais la particularité principale qu'on remarque dans la configuration de leur visage est la taille énorme de l'arrière-partie de leur mâchoire inférieure. Leur ovale facial s'élargit par en bas, de manière à donner à cette partie de leur face une largeur extraordinaire. En général, les Siamois vont nus jusqu'à la ceinture; quelquefois pourtant ils drapent une pièce d'étoffe sur leurs épaules. Les femmes s'attachent autour de la poitrine un fichu assez long pour former un nœud par-devant, et assez court pour ne cacher ni les épaules ni les bras. Des hanches aux genoux, les deux sexes s'enveloppent d'un bout de tissu bleu ou d'autre couleur, et par-dessus les gens de qualité portent un morceau de crêpe de Chine ou un châle.

Les deux Anglais visitèrent un couvent bouddhique, situé sur les bords du fleuve. Les bâtiments qui en dépendent sont bien construits, spacieux, commodes et enclos au milieu d'une vaste pièce de terre nue qu'on entretient toujours dans un grand état de propreté. La partie de ce couvent où logent les prêtres est fort soignée, quoique les parquets, les planchers et les murs ne soient faits que de planches. Un joli temple occupe une des extrémités de l'enceinte. Les frères reçurent avec beaucoup de joie les deux Anglais curieux, et les admirent dans l'intérieur du sanctuaire. Là, sur une large estrade, ou plutôt sur un autel qui s'élevait presque à la moitié de la hauteur de l'édifice, ils virent une cinquantaine d'images dorées de Bouddha, toutes en la posture d'une personne assise. L'image principale, considérablement plus grande que nature, était placée en arrière des autres, et sur sa tête on avait suspendu une sorte de dais en bois, tout enrichi de sculptures et de dorures. Les autres étaient disposées en rangs pressés devant celle-là. A chaque coin de l'autel se tenaient deux prêtres, la figure tournée vers ces statues, portant le costume ordinaire de leur ordre, dans l'attitude du recueillement. La chevelure de ces idoles est courte et bouclée, la tête surmontée d'une flamme ou gloire, la physionomie douce, bienveillante et contemplative. Leur nez est pointu, et leurs lèvres sont fort épaisses.

Presque au centr de l'enclos un bâtiment temporaire, ou plutôt une vaste charpente de forme pyramidale et à plusieurs étages, était en construction. Finlayson apprit qu'il était destiné à contenir le bûcher funéraire sur lequel le corps d'un chef, mort depuis cinq mois, devait être prochainement brûlé. De grands préparatifs se faisaient dans ce but.

Cependant l'autorisation de remonter le Meinam ayant été donnée aux Anglais, le 29 le *John Adam* mit à la voile, et arriva bientôt au milieu de la ville de Bankok.

BANKOK.

Toute la matinée, pendant le cours du trajet, le fleuve offrit aux Anglais une suite de scènes pleines d'intérêt.

De nombreux petits canots, ne portant pour la plupart qu'une seule personne, de petites chaloupes pontées et d'autres embarcations se jouaient dans tous les sens. Comme l'heure du marché approchait, c'était partout un redoublement de vie et d'activité : là, des prêtres de Bouddha, conduisant eux-mêmes leur barque, faisaient leur tournée de chaque jour, afin de recueillir les aumônes des fidèles; ici, une vieille femme promenait du bétel, du plantain et des citrouilles. De ce côté, on n'apercevait que cargaisons de noix de coco. de cet autre, on pouvait suivre des yeux maints groupes d'indigènes qui passaient de maison en maison pour se rendre à leurs diverses occupations. Mais ce qu'il y avait de plus bizarre dans ce curieux spectacle, c'était de voir les maisons elles-mêmes flotter sur l'eau par rangées qui, à partir du bord, étaient profondes de huit, dix ou plus. Elles ne manquaient ni de propreté ni d'élégance. Entièrement bâties de poutres et de planches, bien entendu, elles avaient une jolie forme oblongue, et du côté du fleuve étaient munies d'une espèce de terrasse couverte sur laquelle on avait étalé de nombreuses espèces de marchandises, des fruits, du riz, de la viande, etc. C'était, de fait, un bazar flottant, dans lequel tous les divers produits de la Chine et du pays étaient exposés en vente. A chacune de leurs extrémités, les maisons étaient attachées à de longs bambous enfoncés dans l'eau. Elles peuvent ainsi se mouvoir de place en place, suivant qu'il est besoin. Chacune d'elles est en outre pourvue d'un canot, afin que les propriétaires puissent aller et venir où leurs affaires les appellent. Presque toutes les maisons réunies dans ce quartier semblent être occupées par des marchands qui pour la plupart n'ont sans doute pas grande fortune, et par des artisans, tels que cordonniers, tailleurs, etc.; ces derniers états sont exercés presque exclusivement par les Chinois. Les habitations du reste sont en général très petites : elles se composent d'une pièce principale au centre, qui est toujours ouverte par devant pour l'étalage des denrées, et de deux ou trois cabinets. Elles ont de vingt à trente

pieds de long, et à peu près la moitié de large :
toutes ne sont qu'à un seul étage, qui est élevé au-
dessus de l'eau d'un pied environ, et leur toit est
toujours fait de feuilles de palmier. Pendant le
reflux, le courant devient très rapide, et alors
il ne paraît pas que beaucoup de chalands fréquentent ces boutiques. On voit alors leurs propriétaires couchés, endormis devant leurs magasins, ou tuant le temps de toute autre manière. A
chaque heure du jour, cependant, de nombreuses
chaloupes passent et repassent. Elles sont si légères et de forme si élevée, qu'elles montent avec
vitesse contre le courant. Elles avancent au
moyen de pagaies, et les longs canots en ont souvent huit ou dix de chaque côté.

A Bankok, le Meinam est large d'environ un
quart de mille, sans y comprendre l'espace qu'occupent à droite et à gauche les maisons flottantes.
Il mène à la mer un vaste cours d'eau et contient
beaucoup de vase molle; aussi les inconvénients
d'une ville bâtie de cette manière doivent être
nombreux. Toutes ces cabanes, du reste, sont jolies et propres ; leur style est surtout chinois, de
même que celui des temples.

Cependant les Anglais durent se présenter en
cérémonie devant le roi Chroma-Chit. En effet, le
3 avril, deux chaloupes, l'une grande et l'autre
petite, construites en forme de canot, et recour-
bées tant de la proue que de la poupe, vinrent
prendre l'état-major anglais pour le conduire au
palais. Une escorte de sepoys, composée de trente

hommes, et montée dans une embarcation du *John Adam*, alla l'attendre au lieu du débarquement. Les deux chaloupes se dirigèrent lentement vers la demeure du souverain. Le passage des Anglais parut faire peu de sensation parmi les habitants des maisons flottantes et parmi les matelots des jonques : toutefois, quelques-uns éclataient de rire, tandis que d'autres se cachaient la figure pour déguiser une hilarité qu'ils croyaient malhonnête sans doute. Au bout de dix minutes on débarqua. Les sepoys ou cipayes attendaient l'équipage anglais. L'endroit où il débarqua était sale, incommode, tout encombré de poutres et de petits canots. Nombre de curieux, avides de voir, embarrassaient les étrangers. Alors apparut le palais. L'entrée et la muraille étaient hautes, mais sans élégance, et en mauvais état. Trois autres portes, par lesquelles passa le cortége, ainsi que les murs intérieurs, n'étaient pas en meilleur état.

On reçut les Anglais dans des palanquins portés sur les épaules de deux hommes qui se plaçaient à chaque extrémité des bâtons. Ils éprouvèrent d'abord assez de peine à s'empêcher de rouler hors de ces machines ainsi suspendues, et leurs efforts maladroits pour y parvenir causèrent un vif amusement aux spectateurs, qui poussaient des cris de plaisir. Enfin on les fit passer sous des portes, pénétrer dans des cours, escortés d'une masse compacte de badauds, et ils arrivèrent ainsi à un grand corps de logis de laide apparence, où on les fit entrer dans une vaste salle assez malpropre. Jusque-là, ni gardes, ni gens armés, nulle personne de la maison du roi; mais en face du bâtiment en question, se montrèrent huit éléphants placés à égale distance et montés chacun par deux hommes vêtus d'un élégant costume.

Dans la salle, il y avait une petite estrade, haute d'un pied environ, que recouvrait une pièce de gros drap blanc, et auprès était étendu un large mais vieux tapis, sur lequel on invita les Anglais à s'asseoir. Le reste de l'espace fut occupé par une multitude de gens du plus bas peuple, les uns couchés sur le coude, les autres debout, tous faisant un effrayant tapage. Les hommes de police qui se trouvaient là usaient largement du bâton pour maintenir l'ordre, mais c'était à grand'peine et sans un heureux résultat. Alors que les Anglais recevaient des offres de bétel et de tabac présentés sur de grossiers plats de cuivre, parurent deux hommes portant une sorte de camisole blanche, avec une étroite bande de vieux galon d'or au milieu du bras et un autre à son extrémité. Ils venaient chercher les étrangers, auxquels on dit de quitter leur chaussure. Mais les Anglais s'y refusèrent : plus loin et près de l'appartement royal, ils y consentirent enfin. Ils traversèrent alors sur un pavé de granit deux passages étroits formés par de hautes murailles parallèles, qui les conduisirent à une quatrième et dernière porte. Elle ouvrait sur une spacieuse cour oblongue entourée de hauts et élégants édifices occupés par le roi. Ve-

naient deux rangées de musiciens; une flûte aigre et de nombreux tamtams étaient les seuls instruments dont les sons parvinssent aux oreilles,
quoique l'on vît nombre de cors, de trompettes et
de tambours. La musique toutefois, quoique simp-
ple, n'était dépourvue ni d'harmonie ni de charme.
Sur la droite stationnait tout un régiment de soldats armés de boucliers noirs vernis et de haches
d'armes, un genou en terre, et pelotonnés derrière
leurs boucliers. Derrière eux, on voyait quelques
éléphants assez richement caparaçonnés.

Après une courte halte sur le seuil de la salle
d'audience, orné d'un paravent chinois couvert de
paysages et de petits morceaux de miroir, les
Anglais se trouvèrent subitement en présence du
roi.

La salle était haute, vaste et bien aérée : elle
paraissait avoir une longueur de soixante à quatre-vingts pieds. Les plafonds et les murs étaient
peints de diverses couleurs, en guirlandes et fes-
tons. La toiture était soutenue par des piliers de
bois de chaque côté, au nombre de six, et badi-
geonnés en spirales rouges et vertes. Quelques
petites glaces assez mesquines décoraient les murailles; au plafond étaient suspendus des lustres
de cristal et des tentures, tandis qu'à demi-hau-
teur de chaque pilier on voyait une lanterne qui
n'était guère plus élégante que celles qui, en Europe, éclairent les écuries. Le plancher était recouvert de tapis à mille nuances. Les portes et les
fenêtres étaient suffisamment nombreuses, mais

petites et sans ornements. Tout-à-fait au fond de
la pièce, un large et beau rideau de drap rouge,
enrichi de clinquant èt de feuilles d'or, et suspendu par une corde, séparait du reste de la pièce
l'espace occupé par le trône. A droite et à gauche
de ce rideau étaient placés cinq ou six mèubles
bizarres, mais fort jolis, appelés *chatts,* qui consistaient en une suite de petites tables rondes su-
perposées les unes aux autres, diminuant insensiblement de grandeur, de manière à former un
cône, et entourées chacune d'une frange d'or ou
de soie.

Sauf une vingtaine de pieds carrés qui étaient
absolument vides, en face du trône, tout le reste
de la salle était encombré de monde à n'y pouvoir
respirer. Mais toutes les personnes présentes, depuis les grands dignitaires jusqu'aux officiers pu-
blics du dernier ordre, depuis l'héritier présomp-
tif jusqu'au plus humble des esclaves, occupaient
une place qui leur avait été personnellement as-
signée, et c'était seulement par cet ordre qu'on
les distinguait. Le costume, en effet, des individus
de toute sorte était d'une extrême simplicité; il
ne brillait ni par la richesse des étoffes ni par
l'élégance de la coupe.

Quand les Anglais entrèrent, on tira le rideau
placé devant le trône. En ce moment, toute la
multitude se prosterna la face contre terre, bai-
sant le plancher, le tapis, etc. On ne vit plus re-
muer ni un seul corps, ni un seul bras, ni une

seule jambe. Pas un œil ne se leva, pas un mot ne fut prononcé : on n'entendait plus respirer.

A cinq ou six pieds derrière le rideau, et à douze au-dessus du sol, il y avait dans la muraille une niche cintrée qu'éclairait un demi-jour, et qui était assez profonde pour qu'une personne y pût tenir assise. Dans cette niche était placé le trône, qui dépassait un peu le mur. A l'arrivée des étrangers, le roi y était assis, immobile comme une statue, les regards dirigés vers les Anglais. Il ressemblait à une image de Bouddha, et on voyait, à la solennité de la scène et à la posture des Siamois, que le monarque voulait imiter la divinité des temples. Il portait pour vêtement une étroite jaquette de tissu d'or, et à sa gauche était une sorte de sceptre; mais il n'avait ni couronne ni aucune autre coiffure. Le trône était tendu de la même espèce de drap qui formait le rideau de devant, et, par derrière, on voyait deux autres de ces meubles coniques cités plus haut. Pas de joyaux, pas de pierres précieuses, pas de perles, point d'or, nul ornement. Une très vive lumière, qui venait de côté, tombait au bas du trône, où de vastes et beaux éventails étaient agités par des gens cachés derrière le rideau. Cette circonstance rendait encore la scène plus étrange.

Quand les Anglais eurent dépassé le paravent et qu'ils furent en face du trône, ils ôtèrent leurs chapeaux et saluèrent à la mode européenne. On les pria de courber le dos pour avancer : ils le firent, et la foule s'écarta de manière à laisser un passage large d'environ trois pieds, vis-à-vis du trône. Mais à peine eurent-ils fait quelques pas, qu'on les invita à s'asseoir sur le tapis. Ils obéirent de leur mieux, vu le peu de place. Là, ils firent les salutations convenues, après quoi une voix partant de derrière le rideau du trône interrompit le silence qui avait régné jusqu'alors, pour lire d'un ton très élevé la liste des cadeaux qu'avait envoyés le gouverneur.

Le reste de l'entrevue n'offrant aucun intérêt, nous le supprimons. Nous dirons seulement qu'au moment où les Anglais allaient sortir de la salle, on remit à chacun d'eux un méchant parasol chinois. C'était un acte de la munificence royale.

On fit ensuite voir le palais et ses curiosités aux étrangers, toujours suivis par la plus ignoble populace.

On les mena d'abord aux étables des éléphants blancs. Ces animaux, tenus en grande vénération par les Siamois, logent dans l'enceinte intérieure du palais, et même à peu de distance des appartements de Sa Majesté. Il n'y en avait que cinq en ce moment. Ces éléphants, regardés comme au-delà de toute valeur, sont rares, et on en découvre difficilement : aussi sont-ils la propriété exclusive du roi. Du reste, cette épithète de *blancs* ne peut être admise dans la véritable acception du mot : ce sont, à proprement parler, des Albinos, c'est-à-dire qu'ils ne sont qu'une variété extraordinaire de l'espèce commune. Les cinq éléphants blancs qui furent montrés aux Anglais étaient d'une teinte un peu rousse; il n'y en avait qu'un ou deux qui fussent absolument blancs; ils étaient de petite taille; on les traitait avec le plus grand soin, et chacun d'eux avait plusieurs domestiques.

Après avoir visité des singes blancs, les Anglais virent ensuite un temple situé à peu de distance de la salle d'audience. A chacune de ses portes étaient postées de gigantesques statues en terre cuite, de forme grotesque, avec des bâtons dans les mains. Ce temple était de forme pyramidale, tout couvert de petits bas-reliefs d'un style presque chinois. La pyramide se terminait par une aiguille d'au moins deux cents pieds. Au centre, sur d'irrégulières estrades, étaient placées d'innombrables petites figures de Bouddha, entremêlées de morceaux de miroirs, de bouts de papier doré et de peintures chinoises. Dans le temple, rien qui eût la forme d'autel, rien que le plancher, qui était chargé de fleurs et de fruits.

SAIGON

A la fin du mois d'août, l'expédition anglaise était en face de Saïgon.

Le gouverneur de la ville envoya un mandarin de rang offrir ses salutations au chef des Anglais et l'inviter à visiter la ville. Celui-ci était accompagné de plusieurs mandarins de moindre distinc-

tion, et il amenait avec lui trois grandes et belles
barques, toutes splendidement décorées. Les deux
plus grandes contenaient de trente à quarante rameurs chacune. Ces rameurs étaient vêtus d'habits de grosse étoffe rouge, avec des agréments
jaunes. Ils portaient un léger chapeau surmonté
d'une touffe de plumes. En Cochinchine, ce sont
les soldats que le gouvernement charge de toutes
les corvées; il leur impose les travaux les plus pé-
nibles, comme les moins honorables. Ainsi, ces
rameurs étaient un détachement de l'armée.

Lorsque les Anglais approchèrent de Saïgon, ils
furent surpris de voir se développer devant eux
une cité aussi étendue. Saïgon est principalement
bâtie sur la rive gauche de la rivière du même
nom, et quand les étrangers eurent mis pied à
terre sur le quai, bien qu'ils eussent suivi cette
rive pendant plusieurs milles, ils ne virent pas
encore la fin des maisons. Ces maisons, grandes
et vastes, sont d'une architecture très appropriée
au climat. Le toit, de tuiles, est soutenu par de
beaux et forts piliers d'un bois lourd, durable et
noir, appelé *las*. Les murailles sont formées par
des châssis de bambous remplis de terre et en-
duits d'une espèce de ciment. Le parquet est toujours fait de planches, et élevé de plusieurs pieds
au-dessus du sol. Les habitations sont placées les
unes à côté des autres, et soigneusement alignées
le long de rues spacieuses et bien aérées, ou sur
les bords de jolis canaux. La distribution des rues

est supérieure à celle de beaucoup de capitales de l'Europe.

Sur le quai, à l'endroit ordinaire du débarquement, plusieurs milliers de curieux et une nombreuse escorte de soldats armés de lances attendaient les Anglais. Dès qu'ils eurent mis pied à terre, on les conduisit à une maison qu'on avait d'avance préparée pour les recevoir. Chemin faisant, la foule se comporta avec une savoir-vivre, un ordre, une décence, un respect qui furent aussi agréables que nouveaux pour nous. Ces gens étaient tous vêtus, et presque tous l'étaient d'une manière fort élégante. Le mandarin qui les accompagnait les fit entrer dans la maison et les y installa dans la grande salle de réception, sur des bancs couverts de nattes. Un bataillon de domestiques, stationné à la porte, reçut les bagages des mains de leurs rameurs, et demeura ensuite pour faire le service. Cette demeure était une des plus belles de la ville. A l'une des extrémités du salon était un autel dédié à Fo : derrière l'autel se trouvaient les appartements destinés à chacun des étrangers.

Vers midi, deux mandarins de la justice vinrent conférer avec le chef de la mission britannique. Les Anglais les reçurent assis sur leurs bancs, placés en face de l'autel de Fo. C'étaient des hommes de cinquante ans, courts de taille, aisés et affables de manières. Ils étaient coiffés de turbans blancs et vêtus de robes blanches en soie. Ils entamèrent la conversation par demander si les

étrangers ne manquèrent de rien. Puis, ils récla-
mèrent la lettre qu'on leur avait annoncée comme
étant destinée au roi de Cochinchine, afin que le
gouverneur de Saïgon pût en faire parvenir la
traduction à la cour. Avant leur départ, ils ordon-
nèrent aux domestiques d'aller quérir des provi-
sions de bouche, et bientôt ces derniers amenèrent un cochon vivant, des canards sauvages, des
poules, des œufs, du sucre, des plantains et du
riz.

Dans la soirée, Finlayson, qui était médecin,
reçut la visite de M. Diard, un aimable Français
fort instruit, et médecin lui-même. Il fut grandement utile aux Anglais par les renseignements
qu'il leur donna sur l'histoire naturelle du
pays, etc.

Une tournée matinale dans les divers marchés
de la ville confirma Finlayson dans les observa-
tions qu'il avait déjà faites touchant les mœurs
des Conchinchinois. Il estime qu'on ne peut les
regarder sous aucun rapport comme formant un
beau peuple ; toutefois, parmi les femmes, il en
vit beaucoup de jolies, de très blanches, et de
manières fort engageantes. Il remarqua que la
conduite des deux sexes est toujours conforme à
la plus rigoureuse décence.

Toutes les denrées dont les naturels font usage
se trouvaient en grande abondance dans chaque
bazar. On voyait dans les boutiques des quantités
énormes de poisson frais ou salé, de riz sec, de
pommes de terre d'excellente espèce, de blé in-

dien, de jeunes pousses de bambou préparées
pour être cuites dans l'eau, du sucre brut, des
plantains, des oranges, des pumeloës, des gre-
nades et du tabac. On vendait aussi du porc dans
chaque bazar, et les vollailles y étaient à vi prix.
La chair d'alligator jouit à Saïgon d'une très grande estime, et un interprète chinois assura que
l'on y mangeait du chien.

Les articles fabriqués par les habitants étaient
des nattes plus ou moins fines, des tissus de même matière pour voiles de chaloupes ou de jonques, de grossières corbeilles, des boîtes dorées
et vernies, des parasols, de jolies bourses en soie,
des clous de fer et des ciseaux. Tout le reste s'im-
portait des contrées environnantes.

Il est difficile d'imaginer qu'une population si
considérable ne subsiste qu'avec des moyens si
chétifs de spéculations commerciales, d'autant qu'il
y a en Cochinchine deux cités aussi vastes chacune que la capitale de Siam.

Pendant leur séjour à Saïgon, les Anglais assis-
tèrent à un étrange spectacle. Il y avait dans la
cour d'une maison où ils visitèrent le gouverneur,
une cage qui renfermait un énorme tigre que le
gouverneur avait fait prendre pour les faire jouir
d'un combat entre cet animal, le plus fier des
animaux, et des éléphants. Toutes les personnes
présentes se rendirent au lieu qui devait être le
théâtre de l'action. C'était une vaste pelouse longue d'environ un demi-mille et presque large
d'autant. Vers le milieu, soixante ou soixante-dix

beaux éléphants, montés chacun par un cornac,
et portant un howdha, mais qui était vide, se tenaient sur plusieurs files. A droite, il y avait des
sièges destinés aux étrangers, au gouverneur et
aux mandarins; on y voyait aussi un nombreux
détachement de soldats. A gauche, presque en face, se pressait une foule de curieux. Le tigre fut
attaché à un poteau qui s'élevait au milieu de la
plaine, par le moyen d'une forte corde qui lui pas
sait autour des reins. On jugea bientôt que le
combat était inégal, car on avait arraché les griffes au pauvre animal, et on lui avait passé à travers les mâchoires une courroie solide qui l'empêchait d'ouvrir la gueule. Lorsqu'on le laissa
sortir de sa cage, se croyant libre, il se mit à bon-
dir sur le gazon; mais s'apercevant bientôt qu'il
ne l'était pas, il s'étendit tranquillement à terre.
Toutefois, après quelques minutes, voyant un
monstrueux éléphant armé de longues défenses
se diriger vers lui, il se releva pour repousser
l'éminent péril qui le menaçait. Cette attitude du
tigre et l'affreux rugissement qu'il poussa intimi-
dèrent à tel point l'éléphant, qu'il fît volte-face.
Mais son adversaire le poursuivit de toute la longueur de la corde, et lui enfonçant les griffes d'u-
ne de ses pattes de devant dans une des cuisses de
derrière, il accéléra encore sa fuite. Cependant le
cornac parvint à ramener le poltron à la charge,
avant qu'il eût le temps de s'éloigner beaucoup;
et, cette fois, il se précipita avec fureur en avant,
enfonça ses défenses en terre sous le tigre, et le

levant de toute sa force, le lança à une distance
de trente pieds au moins. Ce moment de la lutte
était palpitant d'intérêt : le tigre gisait sur l'herbe
comme s'il fût mort ; il ne paraissait pas avoir reçu
de blessure sérieuse, car lorsque son ennemi voulut recommencer l'attaque, il se remit lui-même
sur la défensive, et comme celui-ci se préparait
à le soulever une seconde fois en l'air, il lui sauta
si lestement à la tête qu'il eut un instant les pattes de derrière appuyées sur sa trompe. L'éléphant fut gravement blessé de ce bond, et si effrayé, que rien ne put l'empêcher de passer par-
dessus tous les obstacles et de s'enfuir au loin.
Le cornac, paraît-il, manqua à son devoir, car
bientôt on l'amena les mains liées derrière le dos
au gouverneur, qui lui fit donner, séance tenante,
cent coups de fouet.

Un autre éléphant fut alors opposé au tigre ;
mais ce dernier, à chaque attaque successive, fit
moins de résistance. Il était évident que tous les
assauts qu'il avait à subir devaient bientôt occa-
sionner sa mort. En effet, chacun de ses antago-
nistes était muni de défenses, et leur mode d'attaque à chacun, car plusieurs autres prirent part
au combat, était de s'élancer vers le tigre, d'enfoncer leurs crocs sous lui, de le lever et de le jeter
à distance. On pouvait voir combien ils craignaient
pour leur trompe, car ils avaient tous la précau-
tion de la replier. Lorsque le tigre fut tout-à-fait
mort, on amena à leur tour, contre lui, le reste
des éléphants ; mais au lieu de l'enlever avec

leurs défenses, ils le saisirent avec leur trompe
et le lancèrent à une dizaine de pas.

Lorsque cette lutte fut terminée, on donna aux
Anglais une représentation d'un autre genre. On
voulait leur faire voir avec quelle bravoure un
bataillon d'éléphants était capable de marcher en
campagne contre les lignes de l'ennemi et de les
franchir en dépit de tout obstacle. En conséquen-
ce, on forma une double ligne de retranchements,
et, par devant, sur des bâtons, on plaça quantité
de matières combustibles, avec des feux d'artifice
de différentes espèces, et quelques petites pièces
d'artillerie. En un instant, le tout s'embrasa, et
des tirailleurs qui se tenaient par derrière nour-
rirent un feu continu. Les éléphants s'avancèrent
en ordre de bataille, d'un pas ferme et rapide;
mais quoiqu'ils se fussent tous approchés brave-
ment du feu, il n'y en eut que quelques-uns qu'on
put forcer à se précipiter au travers, et les autres passèrent soit à droite, soit à gauche, comme
ils le purent. On les ramena une seconde fois à la
charge, sans beaucoup plus de succès, et là se
terminèrent les amusements.

BAIE DE TOURANNE.

La côte de Cochinchine, du cap Saint-James à
la baie de Touranne, est singulièrement haute et
pittoresque. Une chaîne fort élevée se prolonge

sans interruption sur toute cette distance, dans la
direction du rivage de la mer, c'est-à-dire dans
celle du sud-est au nord-ouest. Il n'y a généralement que peu d'espace entre les montagnes et la
côte, et celle-ci est toujours raide, escarpée, à pic,
ou bordée d'une étroite grève de sable. Les rangées
sont nombreuses, et pour la plupart on les voit
s'élever graduellement les unes au-dessus des autres, à mesure qu'elles s'éloignent de la mer.
Leurs formes abruptes, pointues et angulaires,
leurs sommets nus, leurs flancs si rapides, semblent concourir à prouver que la plus grande partie et toute la moitié occidentale de ces montagnes sont granitiques. Vers le milieu de la chaîne,
elles deviennent moins raides et moins hautes,
tandis que leurs formes s'arrondissent vers la cime. La fertilité du sol paraît s'accroître avec ce
changement, et dès lors on commence à voir un
pays où l'homme trouve plus facilement à subsis-
ter. Là, l'industrie humaine lutte contre l'inégalité
du terrain. De nombreux champs se montrent sur
les flancs des montagnes, et une multitude infinie
de barques qui se jouent en pleine mer indique
l'existence d'une population considérable. Les
barques ressemblent pour la forme à celles des
Malais, mais sont différemment gréées. Outre une
large voile carrée qui s'élève au milieu, elles en
ont encore deux autres à peu près semblables,
l'une à l'avant, l'autre à l'arrière. De loin on les
prendrait pour de petits vaisseaux. Elles sont
extrêmement nombreuses, et quelquefois on en

distingue à l'horizon plusieurs centaines qui navi-
guent ensemble.

A la vue de ces innombrables flottes de jolies
barques, l'esprit est naturellement porté à imaginer un haut degré d'industrie, de bonheur social,
de félicité domestique. Hélas! il n'en est rien.
Avec tout au plus des haillons pour se couvrir,
sans autre demeure que leur frêle barque, les Co-
chinchinois manquent d'une nourriture qui est
toujours malsaine.

La baie de Touranne, dans laquelle pénétrèrent
ensuite les Anglais, est complètement_enfermée
entre les terres, et si l'entrée en était aussi facile
que l'intérieur en est sûr, elle serait un des meilleurs hâvres du monde. Quand on y pénètre, non
sans peine, on s'y trouve comme sur un beau lac
tranquille, environné de raides et hautes montagnes couvertes de bois jusqu'au sommet.

PHYSIONOMIE DE QUELQUES VILLES DE L'INDE.

M. de la Place, capitaine de frégate, faisait un voyage autour du monde, en 1830, 31 et 32. Il séjourna quelque temps dans l'Indoustan, et voici ce qu'il nous raconte de l'aspect général du pays :

« A peine débarqué à Pondichéry, une foule de daubachis se présentèrent devant moi. Le daubachi d'un Européen est son intendant ; il lui est aussi nécessaire pour vivre que l'air pour respirer. Ce personnage exerce sur toutes vos dépenses une inspection à laquelle il faut absolument se soumettre. Le marchand ne vendra qu'en présence de l'intendant, qui dès ce moment devient garant, ou à peu près, de la qualité et du juste prix de l'objet acheté. Il est chargé de fournir votre maison de tout ce qui est nécessaire ; il choisit et commande tous les domestiques, ne quitte jamais son maître, le sert à table et couche à la porte de sa chambre la nuit. Pour tant de services, il reçoit une faible somme par mois ; mais en veillant à vos intérêts avec une fidélité à laquelle tous les étrangers rendent justice, le daubachi soigne aussi les siens : il a sur tous les marchés une commission dont le taux, fixé par l'usage, lui est toujours payé par le marchand.

» Dans le nombre des castes comprises entre les brahmes et les abjects et méprisés parias, celle des daubachis tient un rang élevé. Son influence est grande, et pas un Indien, fût-il brahme, ne voudrait y porter atteinte par son intervention. Tous s'entendent contre l'Européen, et lui font sentir que, malgré sa force et leur apparente humilité, il n'est que campé dans leur pays.

» Les nombreux emplois d'une maison sont confiés à autant d'individus différents. Cette répartition n'est pas seulement établie par le luxe, mais bien encore par la coutume, qui a fixé, dès les temps reculés, à chaque famille, l'emploi ou les seules fonctions que ses membres pourront exercer. La religion de Brahma défend à une partie de ses sectateurs de toucher à ce qui a eu vie, et ordonne à tous de regarder le bœuf et la vache comme des animaux sacrés. Les parias seuls sont dispensés de cette loi par leur infamie ; aussi est-ce parmi eux que sont pris les cuisiniers, les cordonniers, et les hommes qui remplissent les dernières fonctions de la domesticité. Ils sont en général débauchés, voleurs, et méritent la réprobation sous laquelle ils gémissent toute leur vie.

» L'habillement des Indiens m'a paru uniforme : à l'exception de quelques brahmes et individus riches, il vont nu-pieds : ils portent un pantalon en toile blanche serré par le bas, bleu pour les castes inférieures, mais large pour les

musulmans. Une pièce de coton ou de mousse-
line de la même couleur enveloppe la partie supérieure du corps, couverte ordinairement d'une
chemise dans les classes élevées. Les Indiens
portent sur le milieu de leur front, comme em-
blème de leur religion, deux raies blanches, séparées par une troisième qui est jaune. Ces mar-
ques, renouvelées avec soin chaque matin, sont
faites avec de la bouse de vache séchée et ré-
duite en poussière. Les bonzes ou fakirs, qui se
condamnent à d'affreux supplices, se barbouil-
lent de la tête aux pieds avec cette poudre blanchâtre.

» Les castes inférieures, qui composent la plus
grande partie de la population, sont bien misérables ; elles vivent sans secours, et séparées des
autres par la réprobation. Dans les temps d'épi-
démies, ces malheureux semblent des insectes
succombant sous les froids de l'hiver.

» L'occupation de ces pauvres Indiens, c'est le
service des palanquins. A chaque extrémité de
cette voiture portative, et fort près de son sommet, sort un morceau de bois très orné et assez
long pour que trois hommes puissent le porter
sur leurs épaules. Outre ces six porteurs, qui
vont aussi rapidement qu'un cheval au trot, il
en est deux autres qui, en attendant leur tour de
porter, courent devant et donnent pour ainsi dire
le pas. Ces Indiens, appelés talingas, sont d'une
race particulière qui habite la presqu'île, et,
comme les Auvergnats en France, ils viennent

se louer dans les villes pour ce travail, auquel leur caste est spécialement destinée. Ils sont en outre chargés de l'entretien des bains, dont l'eau est chauffée et préparée avec une célérité extraordinaire. Le luxe du maître se déploie dans l'habillement des porteurs de son palanquin. Il est composé ordinairement d'une chemise blanche retombant sur un pantalon également blanc, et toujours d'une propreté parfaite ; le turban rouge et la ceinture de même couleur achèvent de leur donner un air singulier et agréable à la fois.

» C'est en palanquin que les voyageurs se transportent d'une extrémité de l'Inde à l'autre, qu'ils franchissent les montagnes par des chemins que les mulets oseraient à peine tenter. Les porteurs sont changés de distance en distance, suivant la position des villages, qui toujours contiennent des individus de la caste destinée à trouver son existence uniquement dans ce genre de travail ; et telle est la loyale probité de ces Indiens, que l'Européen abandonné à leur merci, au milieu des contrées presque désertes, n'a jamais rien à redouter de leur part. En partant, il montre au chef des douze talingas ce que contient sa bourse ; celui-ci en répond jusqu'au relai suivant.

» Les cases indiennes sont toutes semblables et construites en paille ; l'extérieur des habitations ne m'a paru ni bien orné ni d'une grande propreté. Une natte, étendue sur le sable fin qui couvre le sol, lui sert de lit; quelques pièces d'étoffe grossière le défendent contre la fraîcheur et l'humidité des nuits. Un coffre en bois contient ses humbles vêtements, ceux de sa femme et le peu de bijoux d'or qui composent sa fortune. Un hangar séparé sert aux usages domestiques, et la main des femmes y prépare les aliments.

» Un brahme est toujours facile à reconnaître. Son habillement très blanc est bien drapé sur ses épaules. Son corps, chargé d'embonpoint, respire l'indolence et la santé. Sa démarche n'est pas sans dignité; ses traits sont distingués, mais à travers l'air grave, hautain et dédaigneux répandu sur sa physionomie, on découvre sans peine l'air faux et méchant. L'influence des brahmes est sans bornes, même sur les castes les plus élevées. Les dernières fuient devant eux ou cachent leur front dans la poussière.

» Les habitations des brahmes se distinguent toujours par leur étendue et un air d'aisance. Elles contiennent ordinairement un grand nombre de domestiques tirés des hautes classes. Les appartements sont meublés avec luxe; ceux des femmes forment une partie séparée de la maison, où les plus proches parents peuvent à peine pénétrer. C'est dans ces lieux retirés, d'où elles sortent rarement, que vivent les Indiennes dans une espèce d'esclavage. Ni les richesses, ni le rang élevé de leur famille ou de leur mari, ne rendent leur sort plus heureux. L'autorité du maître est absolue; elles ne sont que ses premières esclaves, et ne peuvent paraître devant lui que dans une posture humble et les yeux constamment baissés. La femme, considérée comme un être d'une espèce inférieure, ne mange jamais avec son mari ou son fils, qu'elle doit servir. Elle est même bannie de toutes les cérémonies religieuses. Soigner l'intérieur de sa maison, souffrir avec une inaltérable douceur les caprices du maître, tâcher de lui plaire, quels que soient son caractère et son humeur, tel est le sort d'une brahmine, dès quelle tombe sous le joug d'un mari.

» Les Indiennes aiment la parure et s'en servent avec beaucoup de goût; des anneaux d'or massif ornent le bas de leurs jambes et l'extrémité des bras; des chaînes du même métal tournent autour de leur cou, couvrent le front et s'enlacent dans leurs cheveux, relevés sur le sommet de la tête toujours découverte. Un large pantalon descendant jusqu'aux pieds et recouvert de la chemise ou tunique longue et sans manches; enfin une pièce de toile de coton entourant le cou et la partie supérieure du corps, forment leur habillement, de la plus élégante simplicité. Un anneau d'or est passé dans le côté gauche de leur nez, disgracieux ornement qui descend jusque sur leurs lèvres ! »

VUE DE PATNA, SUR LE GANGE.

Patna, dans la province de Béhar, est la première cité riche et importante que les voyageurs dans l'Inde trouvent sur leur route, lorsqu'ils traversent le Gange pour gagner les hautes terres.

Elle est située sur la rive droite de ce fleuve.

Quoiqu'elle ne renferme aucun édifice bien remarquable, on y distingue des restes considérables de la grandeur musulmane, et, prise du fleuve, la vue en est très pittoresque. Les nombreuses habitations de la classe riche sont à toits plats et entourées de balustrades sculptées ; elles offrent une belle apparence. Des arbres gigantesques d'une verdure sombre, des fragments de grands portiques d'un caractère gothique et d'un granit rouge foncé, entremêlés de temples hindous et musulmans, ajoutent à la magnificence de ce tableau. Et, quand le fleuve coule à pleins bords, les belvédères, les minarets, les dômes, que réfléchit l'immense miroir de ces eaux, fournissent une vue pleine de grandeur.

Si on ne redoute ni la boue ni la chaleur, il faut parcourir Patna après le coucher du soleil. Les rues sont alors pleines de monde ; toute la population s'agite comme une fourmilière, on se réunit sous les vérandas pour fumer le houka et assister commodément au spectacle du dehors. Les palkis des naturels, leurs rheuts, leurs taud-nojohns se fraient, à force ouverte, un passage à travers la foule, les valets n'hésitent jamais à culbuter les gens pour faire place à leurs maîtres. Rien ne se fait sans bruit dans l'Inde, et au tapage des passants et des promeneurs, se joignent les cris redoutables des tchokeydars et les hurlements continuels des fakirs stationnés à l'angle des rues. Toutes les boutiques sont resplendissantes de lumière, et à mesure que la nuit s'avance, de vastes et sombres édifices qui voilent quelques parties d'un ciel indigo et parsemé d'innombrables étoiles, présentent un aspect imposant et solennel ; tout ce qui est mesquin et peu élevé reste enseveli au sein de l'obscurité, et l'on ne distingue que les objets proéminents.

Patna est alors dans toute sa beauté, et présente aux regards une suite de temples et de palais, ouvrages somptueux des Mongols.

Il se fait à Patna un très grand commerce d'opium, de riz, de sucre, que produisent les environs en abondance. Aussi cette ville est-elle regardée comme un des plus florissants comptoirs des Anglais dans l'Inde, qui y ont établi une des six cours supérieures des présidences du Bengale et d'Agra, une très forte citadelle, un collége et un dépôt militaire.

UN VOYAGE EN CHINE.

Un missionnaire apostolique, le vénérable M. Hue, étant en Chine, dut la traverser dans toute sa longueur. Nous extrayons de son journal de voyage quelques pages du plus haut intérèt, et qui jettent un grand jour sur cette contrée si peu connue.

Voici de quelle manière voyageait notre apôtre :

« La route que nous suivions depuis Ta-Tsien-lon allant toujours en pente, nous nous trouvâmes bientôt dans une profonde et étroite vallée, arrosée par un limpide ruisseau aux rives ombragées de saules et de touffes de bambous. Des deux côtés s'élevaient perpendiculairement de hautes et majestueuses montagnes ornées de grands arbres, de lianes et d'une inépuisable variété de plantes et de fleurs. Nos yeux s'enivraient de cette belle verdure émaillée des plus vives couleurs, et toutes les puissances de notre âme étaient dans le ravissement. Notre être tout entier se dilatait au milieu de ces riches épanouissements de la nature...

» Le chemin suivait ordinairement le cours de l'eau. Souvent nous passions d'une rive à l'autre, tantôt sur de petits ponts de bois recouverts de gazon, et tantôt sur de grosses pierres jetées au milieu du ruisseau. Mais rien n'était capable de ralentir la marche de nos porteurs; ils allaient toujours avec la même rapidité, franchissant, pleins de courage et d'agilité, tous les obstacles qui se rencontraient sur leur passage. Quelquefois ils faisaient une petite halte pour se délasser un peu, essuyer leur sueur et fumer la pipe; puis ils reprenaient leur marche avec une ardeur nouvelle. L'étroite vallée que nous suivions était peu fréquentée. Nous rencontrions seulement, de temps en temps, quelques bandes de voyageurs, parmi lesquels il nous était facile de distinguer le vigoureux et énergique barbare thibétain du civilisé Chinois à la face blême et rasée. De toute part, on voyait des troupes de chèvres et de bœufs à long poil brouter les pâturages de la montagne, pendant que de nombreux oiseaux chantaient et folâtraient parmi les branches des arbres.

» Le lendemain, la route devint plus sauvage et plus périlleuse à mesure que nous avancions. La vallée se rétrécissait de plus en plus, et nous rencontrions fréquemment devant nous d'énormes rochers et de grands arbres tombés de la crête des montagnes. Bientôt le ruisseau, qui la veille n'avait cessé de nous accompagner comme un ami fidèle, s'éloigna de nous insensiblement, et finit par disparaître dans une gorge profonde. Un torrent, que nous entendions gronder depuis longtemps et par intervalle, avec un bruit sourd semblable aux lointains roulements du tonnerre, déboucha brusquement de derrière une montagne, et s'en alla tout furieux à travers les rochers. Nous le suivîmes longtemps dans sa course vagabonde. On le voyait descendre en bruyantes cascades le long du granit, ou, semblable à un gigantesque serpent, traîner ses eaux verdâtres dans de sombres enfoncements. Cette seconde journée de marche ne nous offrit pas, comme la précédente, les attraits paisibles et gracieux de montagnes recouvertes d'arbres et de fleurs. Cependant ces âpres et sauvages grandeurs de la nature n'étaient pas non plus sans charmes. Nous quittâmes enfin ces défilés scabreux; et, après avoir traversé une large vallée nommée Plaine aux herbes jaunes, Hoang-Tsao-ping, où l'on remarque une grande variété de culture et de végétation, nous arrivâmes au célèbre pont Lon-ting-Khiao, que nous dûmes traverser à pied à pas lents.

» Ce pont fut construit en 1701. Sa longueur est de trente-deux toises et sa largeur de dix pieds seulement. Il se compose de neuf énormes chaînes de fer, fortement tendues d'une rive à l'autre, sur lesquelles sont posées des planches transversales mobiles, mais assez bien ajustées. La rivière Lon sur laquelle est suspendu le Lon-ting-Khiao, coule avec une si grande rapidité qu'il a toujours été impossible d'y construire un pont d'un autre genre. Les deux rives sont extrêmement élevées; aussi, quand on est au milieu du pont, si on regarde de cette hauteur les eaux du fleuve qui

fuient avec la vitesse d'une flèche, il est prudent
de se tenir fortement cramponné aux garde-fous,
de peur d'être saisi par le vertige et de se précipiter dans l'abîme. On a soin de marcher toujours
très lentement, parce que, le pont étant d'une
grande élasticité, on risquerait de faire la cul-
bute.

» Le jour suivant nous escaladâmes le Fey-yué-
'ling, montagne gigantesque, dont les rochers
monstrueux s'élèvent presque perpendiculairement. Leurs pointes blessent la vue du voyageur.
Pendant l'année entière, tout est couvert de neige
et entouré de nuages jusqu'au pied de la montagne. Le chemin est affreux et passe par des rochers et des crevasses; c'est une des routes les
plus difficiles de toute la Chine. Nous trouvâmes
donc de la neige sur cette fameuse montagne,
et en la trouvant, il nous sembla voir réunies et
amoncelées toutes les horreurs et les misères des
routes du Thibet et de la Tartarie. Nous étions
comme des malheureux qui, après s'être arrachés
du fond d'un abîme par des efforts de tout genre,
y sont tout-à-coup précipités de nouveau. Les
porteurs de nos palanquins firent des prodiges
d'adresse, de force et de courage. Dans les endroits les plus difficiles, nous voulions descendre
pour leur procurer un peu de soulagement; mais
ils ne le permettaient que rarement, car ils met-
taient une sorte d'amour-propre à gravir comme
des chamois les rochers les plus escarpés, et à
franchir d'affreux précipices, toujours portant sur

leurs épaules ce lourd palanquin, qu'on voyait se balancer au-dessus des abîmes. Que de fois le frisson est venu parcourir nos membres! Il n'eût fallu qu'un faux pas pour nous faire rouler au fond de quelque gouffre et nous broyer contre les rochers. Mais rien n'est comparable à la solidité et à l'agilité de ces infatigables porteurs de palanquins. Ce n'est que parmi ces étonnants Chinois qu'il est possible de trouver des gens de cette trempe. Ils exercent leur épouvantable métier avec une prestesse et une jovialité dont on est stupéfait. Pendant qu'ils courent sur ces affreux chemins, haletants, le corps ruisselant de sueur, et perpétuellement exposés à se casser quelque membre, on les entend rire, plaisanter, quolibeter, comme s'ils étaient tranquillement assis dans une taverne à thé. La taxe de leur salaire est fixée à un sapèque par li, ce qui revient à peu près à un sou par lieue. Ainsi ils peuvent tout au plus gagner la valeur de dix sous dans une journée. Avec cela ils doivent se nourrir, se vêtir, se loger et trouver encore du superflu pour passer la majeure partie des nuits à jouer et à fumer de l'opium.

» Sur le sommet de la montagne, nos porteurs prirent un peu de repos; ils dévorèrent avec avidité quelques galettes de maïs et fumèrent plusieurs pipes de tabac. Pendant ce temps, nous contemplions en silence de gros nuages roux et gris qui tantôt se balançaient ou se traînaient pesamment sur les flancs de la montagne, et tantôt demeuraient immobiles, se dilatant, se gonflant peu à peu et semblant vouloir s'élever jusqu'à nous. Au-dessous des montagnes on voyait se dessiner en miniature des groupes de rochers avec de profonds ravins, des torrents écumeux, des cascades et des vallons cultivés avec soin, ou de grands arbres au noir et épais feuillage tranchaient vivement sur la tendre verdure des rizières. Le tableau se complétait par quelques habitations à moitié cachées dans des touffes de bambou, d'où s'échappent par intervalle de légers tourbillons de fumée... »

AVENTURES SUR LE FLEUVE BLEU.

Sur un point du voyage, le mandarin Ting fut chargé de s'occuper de notre voyageur et reçut la mission de l'autorité supérieure de veiller à son bien-être. Afin de plaire à M. Huc, Ting commença par lui montrer d'excellents palanquins que le pérégrinateur accepta. Ting reçut donc l'argent nécessaire pour les acheter, mais il succomba à la tentation d'en garder la moitié pour lui, et, avec le reste, de faire raccommoder et vernisser à neuf deux vieux palanquins étroits, disloqués et si incommodes, que ceux qui devaient s'en servir seraient exposés à une affreuse gêne.

Pour déjouer les ruses du mandarin, le père Hue avisa.

« Sur le soir, dit-il, comme nous prenions le thé en commun, nous dîmes à notre conducteur que nous avions arrêté un projet pour le lendemain.

— » Oh ! je comprends, je devine, dit-il avec l'air satisfait d'un homme qui se croit une grande sagacité, vous n'aimez pas la chaleur, et vous désirez partir demain de bonne heure, afin de jouir de la fraîcheur du matin ; n'est-ce pas que c'est cela ?

— » Pas le moins du monde. Demain tu partiras seul et tu retourneras à Tchig-ton-fou ; tu iras trouver le vice-roi et tu lui annonceras que nous ne voulons plus de toi...

» Nous prononçâmes ces mots d'une manière si sérieuse, que maître Ting ne pouvait assurément avoir la pensée de la prendre pour une plaisanterie. Il se leva brusquement et se mit à nous contempler bouche béante, et d'un air stupéfait. Nous continuâmes :

— » Tu diras donc au vice-roi que nous ne voulons plus de toi et que nous le prions de nous envoyer un autre conducteur ; et si le vice-roi te demande pourquoi nous ne voulons plus de toi, tu pourras lui répondre, si cela te fait plaisir, que c'est parce que tu nous as trompés en nous faisant partir avec de mauvais palanquins que nous n'avions pas choisis, et en supprimant deux porteurs.

— » C'est vrai ! c'est vrai ! s'écria maître Ting, chez qui les esprits vitaux s'étaient un peu remis en circulation, je me suis bien aperçu, en chemin, que ces palanquins n'étaient pas faits pour des gens de votre qualité. Ce qu'il vous faut, à vous, ce sont de beaux et bons palanquins à quatre porteurs ; qui pourrait en douter?...

— » Seigneur Ting, dîmes-nous, nous savons à quoi nous en tenir au sujet de cette fraude ; du reste, peu nous importe de connaître celui qui a volé l'argent des palanquins : en aurons-nous d'autres ? Voilà la question.

— » Oui, certainement : est-ce que des personnages comme vous pourraient aller de cette façon ?

— » Quand les aurons-nous ?

— » Tout de suite... Demain...

— » Fais bien attention à ce que tu dis ; ne dilate pas ton cœur et tes paroles outre mesure.

— » Demain, sans retard, vous aurez de meilleurs palanquins...

— » Puisqu'il en est ainsi, nous partirons ensemble.

» Le lendemain, dès que l'aube parut, on nous annonça que tout était prêt pour le départ ; nous entrâmes dans nos étroites prisons cellulaires, et après mille circuits à travers les rues de la ville, le cortége arriva à un grand port, sur les bords du fameux Yang-tze-Kiang, fleuve Fils de la Mer, que les Européens nomment fleuve Bleu. Maître Ting s'approcha de nous, et nous dit le plus gra-

vement du monde que la route par terre devant
être longue, difficile, montueuse, semée de précipices et de gouffres, il avait eu la bonne pensée
de louer une barque, afin de nous rendre le trajet plus commode, plus agréable et plus rapide.
Au fond, cela nous allait; nous arpentions la
terre ferme depuis si longtemps, qu'une petite
navigation devait nécessairement nous sourire;
le ciel pur et serein nous présageait une délicieuse journée, et nous savourions déjà par
avance le bonheur de nous sentir emportés par
le courant majestueux du plus beau fleuve du
monde, pendant que nous contemplerions à
loisir les splendeurs et les magnificences de ses
rives. Nous montâmes donc aussitôt sur le pont
de la jonque, et nos palanquins furent logés à
fond de cale.

» Ceux qui n'ont pas une bonne dose de pa-
tience, et qui ne se sentent aucune disposition
pour en acquérir, ne doivent pas songer à aller
dans le Céleste-Empire pour goûter les charmes
de la navigation à bord des jonques chinoises;
ils risqueraient de devenir fous ou enragés avant
même qu'on fît mine de lever l'ancre. A peine le
cortége fut-il parvenu au port que tout le monde
s'empressa de monter à bord, et là chacun chercha à s'installer de la manière la plus conforme à
ses goûts. Les Chinois, corps et âme, sont d'une
nature qui nous a semblé beaucoup tenir de celle
du caoutchouc. La souplesse de leur esprit ne
peut être comparée qu'à l'élasticité de leur corps.

Aussi faut-il voir comment ils savent trouver un bon coin, puis s'y faire un nid, s'y blottir et s'y arrondir comme dans un moule. La position une fois prise, en voilà pour toute la journée. A peine arrivés à bord, nos nombreux compagnons de voyage se trouvèrent casés. Les porteurs de palanquins, car ils étaient aussi de la navigation, s'étaient arrangés les uns sur les autres dans la cuisine, où l'air et le jour n'arrivaient que par une petite lucarne. Cette sorte de gens est accoutumée à respirer sans air et à voir sans lumière. Aussitôt qu'ils furent accroupis ils se livrèrent avec ardeur au jeu de cartes. Les soldats, nos domestiques et ceux des mandarins, avaient formé plusieurs groupes dans l'entrepont en adoptant des postures impossibles et inimaginables. Ils se régalaient de thé, de fumée de tabac et de causeries bruyantes. Nos deux conducteurs, le civil et le militaire, maître Ting et l'officier Leang, s'étaient réfugiés dans une espèce d'alcôve fermée par des rideaux qui laissaient passer à travers leurs nombreuses déchirures quelques blanches vapeurs et les pâles rayons d'une petite lampe. L'odeur fétide qui s'exhalait de ce sordide réduit indiquait assez que les chefs de l'escorte en étaient à s'enivrer d'opium. Quant à nous, seuls et tranquilles sur le pont de la jonque, nous nous promenions d'un bout à l'autre, humant de tous nos poumons l'air frais du matin et nous récréant à considérer le mouvement du port et les figures réjouies d'une

foule de badauds, pour lesquels nous étions l⸲
spectacle le plus étonnant qu'ils eussent jamais
vu. Du reste, pas un matelot, pas un marin, ni
sur ni dans la barque. Il n'y avait qu'un vieux
Chinois pelotonné à côté de la barre du gouver-
nail, et qui paraissait se préoccuper fort peu des
choses d'ici-bas et probablement encore moins
de celles de l'autre monde. Il avait le menton
appuyé sur les genoux, qu'il tenait embrassés de
ses deux mains. Depuis que nous étions arrivés,
il n'avait pas quitté un seul instant cette belle et
confortable attitude. Nous lui demandâmes si
nous ne partirions pas bientôt. Alors il se leva,
et nous dit en regardant le ciel :

— » Qui est-ce qui sait cela ? moi, je ne suis
pas le patron, je suis le cuisinier.

— » Où donc est le patron ? Où sont donc les
matelots ?

— » Le patron est chez lui et les mariniers
sont au marché.

» Sur ces informations, nous reprîmes, nous,
notre promenade, et le vieux cuisinier sa posture favorite. Un Européen encore novice dans le
Céleste-Empire n'eût pas manqué de s'impatien-
ter beaucoup et de faire un peu de mauvais
sang ; l'occasion était assurément favorable.

» Enfin, après deux longues heures d'attente,
les mariniers s'étant sans doute souvenus qu'ils
avaient une jonque dans le port, arrivèrent tranquillement les uns après les autres. Le patron fit
l'appel, et l'équipage s'étant trouvé au complet,

on amena la planche qui allait du pont au rivage. C'était déjà quelque chose ; mais il s'en fallait bien que nous fussions encore prêts à partir. Nos deux mandarins étant sortis de leur tanière à opium, vinrent trouver le patron, et alors commencèrent des disputes interminables, car on n'était pas encore d'accord sur le prix. Il n'était pas loin de midi quand toutes les difficultés furent aplanies. Les matelots entonnèrent leur chanson nazillarde pour virer au cabestan, on déploya les larges voiles en nattes de jonc ; la grosse ancre en bois de fer fut bientôt à flot, et la brise et le courant nous poussèrent avec rapidité loin du port, pendant qu'un matelot frappait à coups redoublés sur un sonore tam-tam pour saluer la terre.

» Nous nous étions promis une agréable et magnifique journée. La matinée, comme on l'a vu, avait laissé beaucoup à désirer ; mais ce fut bien pis après midi. Le ciel se couvrit peu à peu de nuages, et à peine avions-nous fait un quart d'heure de navigation, qu'une pluie battante nous força de quitter le pont et d'aller nous réfugier dans l'intérieur de la jonque, au milieu d'un air étouffant et d'une cohue étourdissante. A peine descendus des montagnes glacées du Thibet, nous eûmes beaucoup à souffrir dans cette espèce d'étuve où nous n'avions à respirer que les vapeurs brûlantes et nauséabondes du tabac et de l'opium. Après avoir été exposés si longtemps à mourir de froid, nous étions menacés l'être asphyxiés par la chaleur. Telles sont les vicissitudes de l'existence du missionnaire ; mais Dieu ne l'abandonne pas ; il soutient toujours son courage et sait lui faire trouver un bonheur ineffable sous les ardeurs du tropique comme au milieu des neiges de la Tartarie.

» Pendant que nous étions à nous calciner dans un coin de cette grande tabagie, nos Chinois paraissaient vivre parfaitement à l'aise. Ils soufflaient bien un peu de temps en temps, mais on voyait bien qu'en somme ils étaient heureux. Maître Ting, surtout, avait l'air extrêmement satisfait de lui-même. Après avoir abondamment fumé du tabac et de l'opium et avoir avalé un nombre considérable de tasses de thé, il se mit à fredonner ses longues litanies, sans doute pour remercier son patron Kao-Wang de l'avoir si bien protégé dans son entreprise...

» Si la navigation eût été supportable, nous eussions été heureux de pouvoir fournir à notre conducteur l'occasion de réaliser une petite fortune ; mais elle fut détestable et plus d'une fois dangereuse. La pluie ne discontinuait pas un seul instant ; et comme nous étions partis fort tard, la nuit vint nous surprendre que nous avions à peine parcouru la moitié de notre course. La navigation sur le fleuve Bleu, si sûre et si facile dans l'intérieur de la Chine, alors qu'il a acquis tout son développement et qu'il roule avec majesté ses eaux profondes à travers de vastes plaines, présente de graves difficultés dans la province montueuse de Sse-tchouen. Son cours a souvent la rapidité d'un torrent, et son lit tortueux et semé d'écueils exige, de la part du navigateur, une grande prudence et beaucoup d'expérience. Aussi, le vice-roi avait-il prescrit que nous ferions la route par terre ; mais il avait compté en-dehors des calculs de maître Ting, qui n'avait pu résister à la tentation de spéculer sur notre vie et sur la sienne...

» Il était minuit passé quand nous arrivâmes au port de Kien-tcheou, ville de troisième ordre. La nuit était d'une obscurité profonde, et la pluie continuait toujours. Nous allâmes jeter l'ancre le plus près possible du rivage... »

UNE CHASSE DANS L'INDE.

Le récit de chasse que nous mettons sous les yeux du lecteur a été publié par notre tueur de lions, le fameux Jules Gérard, et le héros de cette expédition cynégétique est le major L..., surnommé le vieux chasseur. Jules Gérard s'exprime ainsi :

« On vint nous avertir qu'on avait vu rôder autour du vieux fort un gros guépard.

» Après le déjeuner, nous gravîmes la colline ; mon ami C... et le percepteur à pied, armés de carabines, et moi, monté sur mon petit cheval favori Gooty. Nous arrivâmes bientôt à l'entrée d'une caverne qui avait environ quatre pieds de diamètre, et, après avoir vainement examiné les empreintes et les pistes, quelques-uns des villageois qui étaient avec nous renversèrent les pierres accumulées à l'entrée de la caverne.

» William et le percepteur, précédés d'un domestique armé d'une torche, pénétrèrent à l'intérieur; mais ils furent presque aussitôt après obligés de revenir sur leurs pas, à cause de l'air vicié et de l'odeur insupportable qui remplissaient la caverne. Nous plaçâmes alors une botte de paille en-dedans, et nous y mîmes le feu, espérant chasser ainsi la bête par la fumée.

» Nous lançâmes ensuite plusieurs fusées et des pétards, qui eurent pour effet de déloger des centaines de petites chauves-souris très curieuses à quatre oreilles.

» Voyant qu'aucun de ces moyens ne pouvait faire sortir le guépard, j'envoyai mes deux chiens forcer la bête, et immédiatement je reconnus que le gibier était sur pied, car Ali donna de la voix dès l'entrée, et peu après nous entendîmes des hurlements lugubres et d'étranges bruits sourds dans les entrailles de la terre. Je commençais à être inquiet pour mes chiens, quand tout-à-coup retentit un grand vacarme, et je vis mon pauvre ami D... qui, malgré mes avis, persistait à rester debout juste en face de l'entrée de la caverne, renversé sur le dos par une énorme hyène mâle;

en un clin d'œil, la femelle, deux petits et mes deux chiens passèrent sur lui.

» Ils dégringolèrent à toute vitesse la colline et traversèrent quelques champs cultivés. William tira deux coups au passage, et doubla la femelle; je descendis la colline le mieux que je pus, et après une course de quelques minutes, Gooty m'amena près du mâle, qui luttait vainement pour se débarrasser de mes chiens, dont l'un l'avait saisi par l'oreille, et le second le tenait de l'autre côté à la gorge. Comme je ne voulais point courir la chance de voir l'un ou l'autre blessé ou mordu, je plantai mon épieu entre les épaules de la bête, et je finis ainsi la partie; après quoi j'allai rejoindre le pauvre D..., que je trouvai tout brisé de sa chute, le menton et le cou considérablement endommagés par les griffes des animaux quand ils avaient passé en courant sur ui.

FIN.

TABLE

FIN DE LA TABLE.

Limoges. — Imp. E. Ardant et Cie.

9 782013 249454